鹤壁市第三次水资源调查评价

张少伟　郭安强　徐明立　主编

黄河水利出版社

·郑州·

图书在版编目(CIP)数据

鹤壁市第三次水资源调查评价/张少伟,郭安强,徐明立主编.—郑州:黄河水利出版社,2020.6

ISBN 978-7-5509-2686-8

Ⅰ.①鹤… Ⅱ.①张… ②郭… ③徐 Ⅲ.①水资源-资源调查-鹤壁②水资源-资源评价-鹤壁 Ⅳ.①TV211.1

中国版本图书馆 CIP 数据核字(2020)第 095366 号

组稿编辑:贾会珍 电话:0371-66028027 E-mail:110885539@ qq. com

出 版 社:黄河水利出版社 网址:www.yrcp.com

地址:河南省郑州市顺河路黄委会综合楼 14 层 邮政编码:450003

发行单位:黄河水利出版社

发行部电话:0371-66026940、66020550、66028024、66022620(传真)

E-mail:hhslcbs@ 126.com

承印单位:河南新华印刷集团有限公司

开本:890 mm×1 240 mm 1/32

印张:4.625

字数:133 千字 印数:1—1 000

版次:2020 年 6 月第 1 版 印次:2020 年 6 月第 1 次印刷

定价:48.00 元

《鹤壁市第三次水资源调查评价》
编委会

主　编：张少伟　　郭安强　　徐明立

编　委：赵清虎　　裴东亮　　何　军　　白盈盈

　　　　李希伟　　杨万婷　　张海霞　　郑娇丽

　　　　袁殿智　　张东亚　　董晓兵　　杨　琦

　　　　徐　斌　　李金亮　　陈鹏飞　　梁静航

　　　　杜梦珂　　王　淼　　张　婧　　徐　菲

　　　　张　喆　　於彤旸　　熊　震　　刘　强

前　言

水是生命之源、生产之要、生态之基。水资源是基础性自然资源、战略性经济资源,是生态与环境的重要控制性要素,也是一个国家综合国力的重要组成部分。水资源调查评价是对某一地区或流域水资源的数量、质量及其时空分布特征、开发利用状况和供需发展趋势做出调查、分析和评价,是开展水资源规划和水资源调配的基础和前期,是指导水资源开发、利用、节约、保护、管理工作的重要基础,是制定流域或区域经济社会发展规划的重要依据。

2017年中央一号文件明确提出实施第三次全国水资源调查评价。这是基于近年来我国水资源情势变化、新老水问题相互交织、水安全上升为国家战略的大背景下迫切需要开展的一项重要基础性工作。为及时准确掌握鹤壁市水资源情势出现的新变化,系统评价水资源及其开发利用状况,摸清水资源消耗、水环境损害、水生态退化情况,适应新时期经济社会发展和生态文明建设对加强水资源管理的需要,有必要在全市范围内开展新一轮的水资源调查评价工作。

鹤壁市第三次水资源调查评价是在第一、二次水资源调查评价,第一次水利普查等已有成果基础上,继承并进一步丰富评价内容,改进评价方法,旨在全面摸清61年来水资源状况变化,重点把握2001年以来水资源及其开发利用的新情势、新变化,梳理水资源短缺、水环境污染、水生态损坏等新老水问题,系统分析水资源演变规律,提出全面、真实、准确、系统的评价结果。

由于作者水平有限,另外本次调查评价项目涉及面广,内容较多,难免存在不足之处,敬请各位读者指正。

作　者

2020 年 3 月

目　录

第 1 章　概　况

1.1　自然地理及社会经济

1.1.1　地理位置及行政区划

鹤壁市地处河南省北部,位于太行山东麓向华北平原过渡地带。地理坐标为东经 113°59′~114°45′,北纬 35°26′~36°02′;南北长 67 km,东西宽 69 km。南与新乡市毗邻,东与滑县相连,西北与安阳市接壤。全市总面积 2 182 km²,其中市区面积 513 km²,总耕地 144 万亩,辖浚县、淇县、淇滨区、山城区、鹤山区 5 个行政区、1 个国家经济技术开发区、1 个市城乡一体化示范区、4 个省级产业集聚区。

鹤壁市交通条件十分便利,京广高铁、京广铁路、京港澳高速公路、107 国道和 9 条省道纵横穿越全境,鹤壁濮阳高速、壶台公路东西连通京港澳高速与大广高速公路,交通十分便利。此外,城乡公路、村村公路四通八达,交织成网,区内交通较为便利。

1.1.2　地形地貌

鹤壁市地处太行山与华北平原的过渡带上。新生代以来,太行山持续隆起与华北平原相对下降,是形成地貌的内动力地质条件,淇河的侵蚀切割与堆积,是地貌演化的外动力。燕山运动使太行山隆起,到中生代末期,已基本形成现代地貌轮廓。第三纪的喜马拉雅运动,使西部太行山继续隆起,东部华北平原沉降,在太行山和华北平原之间形成大的断裂构造,山脉和断裂控制着该区地貌,山丘、岗地、平原构成鹤壁市基本地貌骨架(见图 1-1)。

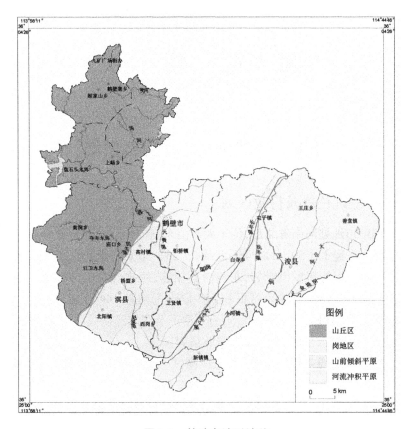

图 1-1 鹤壁市地形地貌

1.1.3 气候与水文

1.1.3.1 气候

　　鹤壁市属暖温带半湿润季风气候,受地理位置及地形影响,四季分明,冬季寒冷,夏季酷热,寒暑期长,温季较短,气温变化较大。夏季多偏南风,冬季多偏北风,常年主导风为东北风。多年平均气温 14.2 ℃,极端最高气温 42.3 ℃,极端最低气温-15.5 ℃。降水量年际悬殊,年内分配不均,主要集中在 6~9 月,占全年的 70%以上,多年平均降水量 616.11 mm,最大年降水量 1 626.9 mm,最小年降水量 239.6 mm。多年平均水面蒸发量1 025.6 mm,蒸发大于降水,属偏干旱区,平均相对湿度59%,全年无霜期225 d。

1.1.3.2　水文

鹤壁市分属海河、黄河两大流域,其中96%的河流属海河流域南运河水系(见图1-2),境内流域面积100 km² 以上的河流有11条。主要有淇河、卫河、共产主义渠、思德河、汤河、羑河等。

图1-2　鹤壁市水系

1. 淇河

淇河属海河流域漳卫河水系,是卫河上游最大的一条支流。淇河流域地理位置为东经113°19′~114°17′,北纬35°36′~36°15′,处于山西高原东部的边缘山地向华北平原的过渡地带。淇河发源于山西省陵川县棋子山方脑岭,流经陵川县、辉县、林县、鹤壁淇滨区、淇县、浚县,到浚县新镇镇淇门村以西的新小河口注入卫河。干流全长约165 km,流域面积2 142 km²,92%属山区。

淇河在将军墓西流入鹤壁市境内,境内淇河总长约83 km,流域面积288 km²。近百年来,淇河最大流量7 080 m³/s,其中中华人民共和国成立以来3 000 m³/s以上的洪水出现7次,1963年新村站实测洪峰流量5 990 m³/s。

2. 卫河

卫河是海河五大支流之一,发源于山西省太行山南麓,流经河南新乡、鹤壁、安阳,沿途接纳淇河、安阳河等,至河北省大名县营镇乡西北与漳河汇合称漳卫河,再流经山东省临清市入南运河,至天津市入海河。河道全长344.5 km,流域面积14 970 km²。鹤壁境内河流长79.5 km,流域面积961.42 km²,多年平均流量33.04 m³/s,年最大流量49.5 m³/s,年最小流量10.65 m³/s。

3. 共产主义渠

共产主义渠属海河流域南运河水系卫河支流,为人工开挖引黄济卫工程。渠首位于焦作市武陟县秦厂村,全长156 km,主要支流由大沙河、石门河、黄水河等,多年平均流量7.66 m³/s,年最大流量14.49 m³/s,年最小流量0.6 m³/s。

4. 思德河

思德河是卫河的二级支流,发源于太行山东麓淇县湖泉沟,流经黄洞镇后,于前嘴村入夺丰水库,大坝以下向东过庙口,于思德村西南穿过京广铁路进入平原地区,折向南流至东石桥东与赵家渠交汇,在黄堆村东与折胫河汇合,向南穿良相坡滞洪区后,在西沿村汇入共产主义渠。

5. 汤河

汤河起源于牟山之麓,流经鹤壁、汤阴,最后流入卫河,全长73.3

km,流域面积 1 287 km²。其中,鹤壁市境内长度约 20.5 km(至汤河水库),流域面积 194.4 km²。境内最大流量 2 100 m³/s,枯水流量 1.4 m³/s 左右。

6.羑河

羑河发源于鹤山区石碑头村,经石林东流至汤阴县青冢入汤河,境内长 20 km,流域面积 66.9 km²。最大流量 1 236 m³/s,枯水流量 0.3 m³/s。

1.1.4 区域地质

1.1.4.1 地层

鹤壁市地处太行山东南麓和华北平原西缘的接壤部位,地域上属华北地层区,西部山区属山西分区太行小区,东部平原属华北平原分区豫北小区。区内广泛出露寒武系、奥陶系及第四系地层,太古界、中元古界、石炭系、二叠系、第三系地层零星出露。

1.太古界

太古界分布于西南部北窑、卧羊湾一带,面积 20 km²,是区内最古老地层,主要岩性为混合质黑云二长片麻岩、黑云斜长片麻岩、斜长角闪片岩,总厚度大于 1 476 m,不整合于震旦系、寒武系下统馒头组之下。

2.震旦系

震旦系分布于西南部油城、云梦山一带,底部岩性为砂砾岩或含砾石英岩状砂岩,其上为含砂质白云岩、灰岩和钙质石英砂岩,厚度不稳定,最厚处 145 m。

3.寒武系

寒武系主要分布于西部盘石头、黄洞、云梦山一带,由南向北出露面积渐小,东部屯子、白寺有零星出露。

岩性下统以紫色为主的砂质白云岩、粉砂岩、泥岩和泥灰岩以及云质条带灰岩和黄绿色页岩互层为主;中统主要为紫色页岩、灰岩以及少量暗紫色钙质细砂等;上统为稳定的灰岩建造,主要有鲕状灰岩、泥质条带灰岩、白云质灰岩和细晶白云岩等,总厚度 562 m。

4.奥陶系

奥陶系分布于西部山区的中北部,是域内出露较为广泛的地层,其下部岩性为厚—巨厚层团块状白云岩,中上部为灰岩、角砾状灰岩、泥质白云岩,局部夹钙质页岩,总厚度710 m。

5.石炭系

石炭系分布于西部山区梨林头—大峪一带,岩性为零星出露的页岩、砂岩,夹灰岩透镜体、煤线及薄煤层,总厚度160 m。

6.二叠系

二叠系地表未见出露,仅在鹤壁煤田钻孔中见及,为主要煤系地层,岩性主要为砂岩、页岩、煤,总厚度130 m。

7.第三系

下第三系分布于中部、东部,主要岩性为泥岩、泥质粉砂岩和砂质泥岩等,厚度为40~70 m;上第三系分布于北中部的丘陵地带,岩性为砂岩、泥灰岩、砂砾岩等,厚度为30~40 m。

8.第四系

第四系分布于西部山区以东,是域内分布最广的地层,淇河两侧分布有钙质胶结的砾石层,厚度为6 m。山前及东部丘陵有黄红色砾石黄土,厚度为1~3 m;河流、山谷、山坡有冲积层、洪积层、坡积层,厚度为1~5 m。

1.1.4.2　构造

鹤壁市大地构造处于华北坳陷西部和太行山隆起的东南边缘,经历了长期、多次的地质构造运动,尤以燕山—喜山期最为强烈,构造形迹以断裂为主,褶皱不发育。基岩区除太古界地层外,岩层产状平缓,总体向北东和北倾斜,组成波状起伏的单斜构造。断裂力学性质复杂,一般具有多次活动的特点,主要有东西向、南北向、北东向、北北东向和北西向五组断裂构造(见图1-3),其性质为压性、压扭性、张性、张扭性及性质不明等断裂,构造形迹在西部山区较明显,东部由于第四系覆盖不太明显。

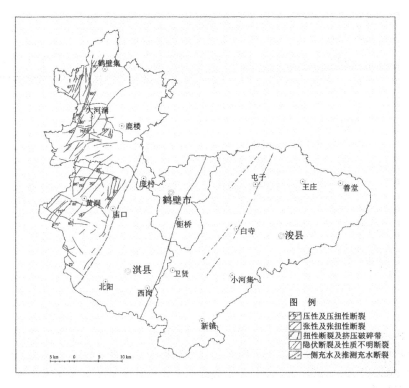

图 1-3 鹤壁市地质构造

近东西向断裂,在大河涧以南,卓坡、弓家庄以北,东西向断裂比较发育,其中南荒、河涧、河口、卓坡 4 条断层规模较大,牛横岭一带的断层规模较小,由 10 条断层组成,其性质以压性为主,兼扭性,倾角 70°以上,延伸长者 3~8 km,短者几百米至 1 km。

南北向断裂,规模不大,仅在青美山—人头山一带发育数条断层。其性质绝大多数为压性,个别地段为扭性。主要包括北岭、石门、化象断层,倾角 60°~85°,延伸长 2~8 km。

北东向断裂,主要发育在淇河以南煤矿区,被第四系所覆盖,断层走向 45°~60°,倾角 65°~70°,其性质以压性为主,并有扭性、张性特征,表明断裂经过多次活动。另外,青羊口断裂伸入本区东部。

北北东向断裂分布较广,主要由潭峪—青美、李恼—人头山、施家沟—化象 3 个断裂带组成。断层走向 5°～30°，倾角 50°～89°，延伸长 15 km，宽 2 km 左右，其性质为压性、压扭性断裂。

北西向断裂不甚发育，仅在上峪、张公堰—施家沟一带发育有几条北西向断层，施家沟—张公堰有两条北西向断层，其规模不大，性质属压扭性。

1.1.4.3　岩浆岩

域内岩浆岩主要分布在西部山区，分布面积不大。元古代侵入岩主要有伟晶岩、角闪闪长岩、角闪钠长岩、细晶岩、辉绿岩；燕山期为中性侵入岩，多呈岩株岩床或岩脉侵入寒武系和奥陶系地层中，主要岩性为正长闪长玢岩、正长闪长岩、闪长玢岩、黑云闪长玢岩、花岗闪长玢岩和花岗玢岩；喜山期为基性岩、超基性喷出岩和侵入岩，呈管状、脉状、透镜状、岩墙状等岩体产出，主要岩性为金伯利岩、苦橄玢岩、橄榄玄武岩等。

1.1.5　社会经济

据《鹤壁市统计年鉴》，2016 年全市总人口 161 万人，其中城镇人口 92.1 万人，农村人口 68.9 万人；城镇化率 57.2%，人口自然增长率 5.83‰。

2016 年，鹤壁市地区生产总值 771.79 亿元，比上年增长 7.84%。工业增加值 460.45 亿元，比上年增长 7.37%。

目前，鹤壁市 4 个产业集聚区和 3 个特色产业园区的现代化学工业、食品、汽车零部件、金属镁、数码电子等产业被列入河南省十大产业振兴规划，是中国中部地区重要的现代化工基地、镁加工基地和食品产业集群。

2016 年全市粮食作物种植面积 255.85 万亩，比上年增长 0.6%，其中小麦种植面积 131.88 万亩，增长 0.4%；玉米种植面积 118.99 万亩，增长 1.7%；棉花种植面积 0.91 万亩，增长 16.5%；油料种植面积 16.22 万亩，增长 5.3%；蔬菜种植面积 16.23 万亩，增长 0.8%。

1.2 水文地质条件

1.2.1 水文地质概况

鹤壁城市地下水分布主要受地层岩性和地质构造控制,其次受地形、地貌和水文气象条件制约,西部盘石头背斜为地下水东西分水岭,地下水流向大致自西北向东南。

1.2.2 含水层组及其特征

根据鹤壁市地下水赋存的岩类、赋存条件及水理性质,将本区地下水划分为松散岩类孔隙水、碎屑岩类裂隙孔隙水、碳酸盐岩类裂隙岩溶水和基岩裂隙水。又根据含水层的成因及差异将松散岩类孔隙水划分为冲洪积型砂卵石孔隙水亚类和冲积型砂类土孔隙水亚类;碳酸盐岩类裂隙岩溶水划分为碳酸盐岩裂隙岩溶水(碳酸盐岩含量>90%)和碎屑岩夹碳酸盐岩类裂隙岩溶水(碳酸盐岩含量<30%);基岩裂隙水,除太古界变质岩呈片状分布外,岩浆岩均呈零星分布,供水意义不大。

又根据地下水的埋藏条件及含水层特征划分为浅层和中深层含水层(组)。

1.2.2.1 松散岩类孔隙水

第四系松散岩类孔隙水广泛分布于东部缓倾平原、山前倾斜平原,其赋存条件受地质构造及地貌条件控制,富水性取决于含水层的岩性、厚度、埋藏条件以及接受补给条件。

1.冲洪积型砂卵石孔隙水亚类

冲洪积型砂卵石孔隙水广泛分布于山前倾斜平原,含水层为 Q_1、Q_2 砂卵石层,埋藏深度小于 50 m,为浅层水,局部具承压水特征。根据其富水性分述如下。

1)冲洪积平原极富水区($>5\ 000\ m^3/d$)

(1)山前古冲洪积扇极富水区。

山前古冲洪积扇极富水区分布于山前古冲洪积扇地带,位于思德河中更新统(Q_2)冲洪积扇的主流带,含水层岩性为卵砾石、砂砾石层,颗粒粗大,分选性、磨圆度较好,厚2~8 m,最厚处达21 m;上覆上更新统坡洪积的细粒相黄土状亚砂土、亚黏土,厚度一般为5~10 m,含水层主要接受大气降水、地表水与上游径流补给。抽水降深一般小于1.5 m,涌水量2 000~3 696 m^3/d,推断降深5 m单井涌水量大于5 000 m^3/d。该区水化学类型为HCO_3—Ca 或 Ca · Mg 型水,矿化度小于0.5 g/L。

(2)淇河古河道极富水区。

淇河古河道极富水区位于卫贤—钜桥一带,含水层为下、中更新统冲洪积砂、砂砾石层,下部颗粒粗大,上部颗粒变细,表层为中、上更新统亚砂土、亚黏土,使地下水具微承压性,含水层厚度一般为5~10 m,从上游至下游,由厚变薄,粒度变细,主要受大气降水、淇河侧渗补给,抽水降深1.04~1.4 m,单井涌水量1 700~2 600 m^3/d,推断降深5 m单井涌水量大于5 000 m^3/d,该区水化学类型为HCO_3—Ca 或 Ca · Mg 型水,矿化度小于1.0 g/L。

2)冲洪积斜地富水—中等富水区

(1)冲洪积斜地富水区(1 000~5 000 m^3/d)。

冲洪积斜地富水区位于卫河以西山前及岗间、岗前地带,由冲洪积相细、中、粗砂及砂砾石层组成,靠近山前或岗地,含水层颗粒较粗,向外围颗粒变细,层次增多,总厚度增大,一般为5~10 m,上覆全新统冲积或上更新统冲洪积、坡洪积的亚砂土、亚黏土,覆盖厚度8~20 m,地下水位在山前埋深大,达30 m,地下水接受大气降水和地下径流补给,降深5 m单井涌水量1 000~2 200 m^3/d。

在淇河西侧古城—西岗一带,以中更新统钙核亚黏土、亚砂土为含水层,发育裂隙孔隙水,含水层厚度为8~13 m,降深5 m单井涌水量1 200~2 693.60 m^3/d。水化学类型为HCO_3—Ca 或 Ca · Mg 型水,矿化度小于1.0 g/L。局部为HCO_3 · SO_4型水,矿化度大于1.0 g/L。

(2)冲洪积斜地中等富水区(100~1 000 m^3/d)。

冲洪积斜地中等富水区位于山前,含水层由中更新统冲洪积及坡洪积卵砾石组成,上覆上更新统坡洪积亚砂土、亚黏土,地下水埋深大,降深5 m单井涌水量小于1 000 m^3/d。水化学类型为HCO_3—Ca 型水,矿化度小于 0.5 g/L。

2. 冲积型砂类土孔隙水亚类

1)浅层水

(1)富水区(1 000~5 000 m³/d)。

富水区位于卫河以东黄河古河道的主流带及泛流区,含水层为上更新统与全新统细砂、中砂、粗砂,上覆亚砂土、亚黏土,局部为粉砂,呈现上细下粗的"二元结构"或粗细相间的"多层结构"。砂层厚度为10~25 m,最厚达 37.15 m,单井涌水量 1 500~2 500 m³/d,个别高达3 000~4 630 m³/d。

水化学类型为 HCO_3—$Ca \cdot Mg$、HCO_3—$Na \cdot Mg$、HCO_3—$Ca \cdot Mg \cdot Na$,矿化度小于 1.0 g/L。局部为 $HCO_3 \cdot SO_4$ 型或 $Cl \cdot HCO_3 \cdot SO_4$ 型,矿化度为 1~3 g/L。

(2)中等富水区(100~1 000 m³/d)。

中等富水区位于黄河冲积平原的古河间带及古河漫滩高地,含水层颗粒较细,由粉细砂、细砂组成,砂层厚度一般为 8~20 m,最厚达25~31 m,上覆 10~20 m 厚的亚砂土、亚黏土,降深 5 m 单井涌水量500~800 m³/d。

2)中深层水

根据本区勘探资料,控制深度为 300~500 m 时,松散岩类孔隙水中深层含水层均为 50~300 m 的含水综合体,为中更新统含水层组。位于卫河以东平原区,近卫河地带由冲洪积相粉细砂、细砂组成,顶板埋深 50~70 m。东部为冲积相,砂层厚 20~30 m,最大厚度 59 m,由细砂、中细砂、中粗砂组成,夹有粉细砂、含砾细砂,含水层顶板埋深 70~130 m;东北部砂层较薄,一般小于 20 m,顶板埋深 50~70 m,由冲积相粉细砂、细砂、中细砂组成。含水层顶板埋深 50~100 m 的水量,位于鹤壁市东南部,含水层为细砂、中细砂、中粗砂和粉砂,厚 20~30 m,顶板埋深 50~70 m,降深 15 m 时单井涌水量 1 000~3 650 m³/d,渗透系数 3~10 m/d。

1.2.2.2 碎屑岩类裂隙孔隙水

区内碎屑岩类裂隙孔隙水是指新近系含水岩组,广泛分布于丘陵、

岗地,其富水性主要与所处的地貌位置、岩性、含水层的充填状况及构造有关。根据区内井孔资料,现分述如下:

1.浅层水

1)富水区(1 000~5 000 m³/d,泉流量 1~10 L/s)

富水区位于丘陵区,汤河、羑河河谷地带,含水层由砾岩、泥灰岩组成,厚度为 0.8~8 m,泥岩为相对隔水层。地表被水系切割,被中更新统坡洪积亚砂土、亚黏土所覆盖,汇水条件较好。南部地势较高,含水层由新近系砾岩组成,一般厚度为 5~10 m,许家沟一带达 40 m,富水条件好。泉流量为 1~10 L/s,水化学类型为 HCO_3—Ca 型,局部为 $HCO_3 \cdot SO_4$—Ca 型,矿化度小于 0.5 g/L。

2)中等富水区(100~1 000 m³/d,泉流量小于 1 L/s)

中等富水区位于地势较高的丘陵、四十五里岗地及第三系零星出露地段,含水层主要由砂岩、泥灰岩、砾岩组成,厚度为 4~8 m,最厚达 10~15 m,降深 5 m 时单井涌水量 150~463 m³/d。在西部丘陵区的沟谷地段,泉流量小于 1 L/s。四十五里岗地含水层由细砂、半固结砂岩、泥灰岩组成,由于地貌位置、含水层出露状况及水动力学条件的不同,尽管处于同一富水区,但富水程度又存在差异,裴庄—前岗以西地势较高且平缓,地下水埋深较大,此地段的地下水接受大气降水补给后,一部分向东径流。白寺—屯子一带,地下水埋深变浅,为岗地地下水排泄区,富水性较强。水化学类型为 HCO_3—Ca 型,矿化度小于 0.5g/L。

2.中深层

中深层是指埋藏在 50~500 m 的碎屑岩类裂隙孔隙承压水。由于含水层埋藏深度、岩性的不同及新构造运动的影响,含水层的富水性也各不相同,分述如下:

1)富水区(1 000~5 000 m³/d)

富水区分布于中东部屯子、辛店等地,含水层(组)顶板埋深 50~100 m,含水层(组)由新近系河湖相沉积的半固结粉细砂、细砂、中细砂组成。砂层总厚度为 20~30 m,个别厚度达 35 m,降深 15 m 时,单井涌水量 1 000~3 000 m³/d,水化学类型为 HCO_3—Ca、$HCO_3 \cdot SO_4$—Na 型,矿化度小于 1.0 g/L。

2)中等富水区(100~1 000 m³/d)

中等富水区内含水层顶板埋深 50~100 m,由新近系河湖相半固结粉细砂、细砂、中细砂组成。砂层总厚度为 8.85~20 m,最厚达 25~35.5 m,山前地带水位埋深大,岗地及其东部水位埋深浅。降深 15 m 单井涌水量 200~450 m³/d,个别达 680~944 m³/d,水化学类型为 HCO₃—Ca、HCO₃—Ca·Mg、HCO₃·SO₄—Na 型,矿化度小于 1.0 g/L。

1.2.2.3 碳酸盐岩类裂隙岩溶水

碳酸盐岩类裂隙岩溶水分布于青羊口—芳兰断裂以西的低山、丘陵区。包括中寒武统张夏组、上寒武统、下奥陶统、中奥陶统、石炭系五个含水层(组),按埋藏条件可分为裸露型和埋藏型两大类。

1.裸露型

裸露型分布于低山区,根据岩性及其组合关系,分为碳酸盐岩类裂隙岩溶水和碎屑岩夹碳酸盐岩类裂隙岩溶水。

1)碳酸盐岩类裂隙岩溶水

(1)张夏组含水层(组):主要分布于低山区的南部,在四十五里岗、浚县县城零星出露,为一套厚层质纯鲕状灰岩,岩溶中等发育,以溶蚀裂隙为主,中部为巨厚层鲕状灰岩,岩溶最为发育,含裂隙溶洞水。单井涌水量大于 1 000 m³/d,泉流量一般为 1.828~8.33 L/s。

(2)上寒武统含水层(组):为一套细晶白云岩、鲕状灰岩、泥质条带灰岩。地表岩溶发育中等,其中鲕状灰岩、细晶白云岩岩溶较发育,单井涌水量为 700~1 200 m³/d,泉流量小于 10 L/s。

(3)下奥陶统含水层(组):北部分布稳定,中南部分布于山顶,相对地势较高。岩性为细晶白云岩、岩溶发育,以溶蚀裂隙为主,常有大型溶洞出露于地表。泉流量为 2.97~38.135 L/s。

(4)中奥陶统含水层(组):山区北部分布稳定,南部有小面积零星出露。厚度大,岩相变化小,岩性主要为厚—巨厚层泥晶屑灰岩、角砾状灰岩,岩溶发育程度高,蜂窝状溶孔、溶蚀裂隙发育,该含水层(组)富水性最好。单井涌水量大于 1 000 m³/d,泉流量大于 10 L/s。

2)碎屑岩夹碳酸盐岩类裂隙岩溶水

碎屑岩夹碳酸盐岩类裂隙岩溶水是指石炭系含水层(组),仅在鹤壁西部零星出露,且为透水不含水岩层。

3)相对隔水层(组)

相对隔水层(组)由下寒武统、中寒武统与震旦系页岩、泥灰岩、砂岩组成,总厚度约 300 m,其中以徐庄组、毛庄组与馒头组分布较稳定,局部有泉出露,流量小于 0.8 L/s。为碳酸盐岩类裂隙岩溶含水层(组)稳定的相对隔水层。

2.埋藏型

埋藏型分布于汤西断裂以西的山前和丘陵区,埋藏在第三系、二叠系碎屑岩之下,为奥陶系灰岩、白云岩以及石炭系的碎屑岩夹灰岩组成的埋藏型裂隙岩溶水。埋藏深度由西向东逐渐加大,庙口—朱家—鹤壁一带埋藏深度小于 200 m,鹤壁以东埋藏深度大于 200 m。埋藏型岩溶水主要接受裸露区岩溶水的径流补给,在埋藏型碳酸盐含水层(组)中,石炭系含水层(组)富水性差、水量小;中奥陶统灰岩含水层(组)中的地下水丰富。

1)碳酸盐岩类裂隙岩溶水

中奥陶统含水层(组)厚度大,岩溶发育且蜂窝状溶孔富水性好。降深 15 m 时,单孔涌水量为 1 000~3 800 m³/d,为丘陵区主要含水层。水化学类型为 HCO_3—Ca 型,矿化度小于 0.5 g/L。

2)碎屑岩夹碳酸盐岩类裂隙岩溶水

石炭系太原组含水层(组),岩性为一套砂岩、灰岩组成。

(1)砂岩含水层:以裂隙水为主,单井涌水量为 10~480 m³/d。

(2)灰岩含水层:上石炭统共有九层灰岩,其中八灰与二灰分布最为稳定,富水性较强。①八灰含水层:厚度为 5~6 m,以溶蚀裂隙为主,溶洞不发育,含溶蚀裂隙水,单孔涌水量为 700~1 200 m³/d,由于补给条件差,煤田开采地段往往呈疏干状态。②二灰含水层:厚度为 7~8 m,溶洞不发育,含溶蚀裂隙水,推测单孔涌水量小于 1 000 m³/d,由于补给条件差,也呈疏干状态。

裂隙沟通了灰岩含水层和砂岩含水层之间的水力联系,特别是在断层两侧,裂隙溶隙发育,岩石破碎,共同组成统一的碳酸盐岩夹碎屑岩裂隙岩溶含水体。如鹤壁三矿水源井,揭露了石炭系太原组地层,并深 361.24 m，涌水量 960 m³/d。

1.2.2.4 基岩裂隙水

基岩裂隙水分布于低山区的南部和北部，主要是太古界黑云斜长片麻岩、混合黑云二长片麻岩、斜长角闪片岩和少量浅粒岩，其次为燕山晚期的侵入岩体，许家沟东侧有喜山期橄榄玄武岩侵入体。

岩浆岩侵入体原生裂隙发育，浅部风化裂隙发育，太古界片麻岩中风化裂隙较发育，由于历次构造运动的影响，发育有不均匀的节理裂隙，形成基岩构造—风化裂隙地下水，在地形切割达地下水面时有泉溢出，形成侵蚀下降泉。

本区基岩裂隙水主要受大气降水的补给，水量小，季节性变化较显著，单泉流量为 1 L/s。水化学类型为 HCO₃—Ca 或 HCO₃—Ca·Mg 型，矿化度小于 0.5 g/L。

1.2.3 地下水补给、径流、排泄特征

1.2.3.1 浅层水的补给、径流、排泄

鹤壁市浅层水的补给、径流、排泄条件是地下水形成的主要因素，受地形、地貌、岩性、构造、水文气象及人为活动控制。

1.浅层水的补给

本区浅层水的主要补给来源为大气降水入渗，其次为河渠入渗、灌溉回渗及侧向径流。

1）大气降水入渗补给

平原区地势平坦，地表径流滞缓，地下水位较浅，包气带以砂性土为主，有利于降水的入渗补给。补给方式主要为面状垂直入渗。西部山区是大气降水通过构造裂隙、溶蚀裂隙直接深入补给地下水。岗丘区局部岩性以泥岩为主，地下水埋深大，补给能力降低。

2）河渠渗漏补给

当河渠水位高于地下水位或在河道上建闸抬高水位后，产生垂直下渗或侧渗补给，从等水位线图上可以看出，平原区淇河、卫河均为地表水补给地下水。

3）灌溉水回渗

大面积的农业灌溉,对地下水也是一个不可忽视的补给来源。其中农田灌溉水的一部分通过包气带回渗补给地下水。

4）侧向径流补给

平原地区的浅层地下水接受山前侧向径流补给,山丘区地下水以地下潜流形式补给平原区地下水。

2.浅层水的径流

浅层地下水的总流向是由山前流向平原,即由西向东、东北径流。西部山前含水层岩性为砂卵石,厚度大,水力坡度为 2‰~6‰,地下水径流条件好;东部平原含水层岩性为细砂、粉细砂,颗粒细且层多,浅层地下水则以垂直交替运动为主,侧向径流微弱,水力坡度一般为 0.25‰~0.83‰。

3.浅层水的排泄

1）以泉水形式排泄

西部山区,以水平排泄为主,由于地下水埋深大,垂直排泄微弱,泉水是地下水的主要排泄形式。

2）开采

岗丘区、平原的农田灌溉、人民生活及工业生产,主要开采地下水。

3）蒸发

蒸发量大小受地下水埋深、包气带岩性、气候条件所控制。水位越浅,蒸发量越大,裂隙黏土、亚砂土的蒸发量较砂类土大;反之则小,且枯水期的蒸发度大于丰水期。

4）径流排泄

地下水的侧向径流排泄及河流的常年排泄,是本区浅层地下水排泄的一种主要形式。

1.2.3.2　中深层水的补给、径流、排泄

中深层水埋藏在 50 m 以下,在四十五里岗及以东,为由新近系河湖相沉积的半固结砂、卵砾石和泥灰岩所组成的裂隙孔隙含水层（组）,鹤壁地区主要是埋藏的奥灰水。

1.中深层水的补给

中深层地下水的补给受地质结构、构造和覆盖层的厚薄、组合条件复杂所控制。在鹤壁市的埋藏型岩溶区,主要是西部山区裸露的岩溶水补给和石炭系、二叠系裂隙岩溶水的越流补给。四十五里岗地区的中深层水,主要接受浅层水的越流补给,同时又接受西部的径流补给。

2.中深层水的径流、排泄

中深层地下水径流方向和浅层水基本一致,与物质来源的方向吻合,受断裂构造所控制。四十五里岗及其东部新近系中深层地下水,由西向东径流。中深层地下水的排泄主要是通过地下径流向下游排泄和人工开采。

1.3 分 区

1.3.1 水资源分区

鹤壁市第三次水资源调查评价流域分区共划分四级分区,共涉及2个四级区,各流域分区及其面积详见表1-1和图1-4。

表 1-1 鹤壁市水资源分区

流域分区				分区面积 (km²)
一级分区	二级分区	三级分区	四级分区	
海河区	海河南系	漳卫河山区	漳卫河山区	784
		漳卫河平原区	漳卫河平原区	1 353

1.3.2 行政分区

鹤壁市以县(区)为单位共分为5个行政区,分别为鹤山区、山城区、淇滨区、浚县和淇县,其中淇滨区和淇县均包括漳卫河山区和漳卫河平原区2个四级流域分区,详见表1-2。

图 1-4　鹤壁市三级流域分区

表 1-2　鹤壁市行政分区表

行政分区	流域分区	分区面积(km²)	行政区面积(km²)
鹤山区	漳卫河山区	130	130
山城区	漳卫河山区	135	135
淇滨区	漳卫河山区	186	275
	漳卫河平原区	89	
浚县	漳卫河平原区	1 024	1 024
淇县	漳卫河山区	333	573
	漳卫河平原区	240	
合计		2 137	2 137

第 2 章　降水、蒸发

大气降水是地表水和地下水的补给来源,一个区域降水量的多寡基本上反映了该区域水资源的丰枯状况。蒸发是水循环的重要组成部分,对区域水资源有着重要影响。

2.1　降　水

2.1.1　多年平均降水量

本次评价系列主要是 1956~2016 年(61 年)降水量及其分布规律等内容。

2.1.1.1　雨量站的选取及资料情况

(1)选用的雨量观测站,其资料质量较好、系列较长、面上分布较均匀。在降水量变化梯度大的地区,选用的站要适当加密,同时应满足分区计算的要求。

(2)采用的降水资料应为经过整编和审查的成果。

(3)计算分区降水量和分析其空间分布特征,应采用同步资料系列;而分析降水的时间变化规律,应采用尽可能长的资料系列。

(4)资料系列长度的选定,既要考虑评价区大多数测站观测年数,避免过多地插补延长,又要兼顾系列的代表性和一致性,并做到降水系列与径流系列同步。

(5)选定的资料系列如有缺测和不足的年、月降水量,应根据具体情况采用多种方法插补延长,经合理性分析后确定采用值。

本次评价,共收集到鹤壁市区域内及新乡、安阳水文系统雨量观测站点及浚县气象站雨量资料,共计 13 处,其位置、设站年份等情况详见

表 2-1,分布情况见图 2-1。

本次雨量评价为了与河南省第二次水资源评价成果保持一致,雨量资料起始时间选择为 1956 年,根据本次资料收集情况,资料截至时间为 2016 年。

根据表 2-1 和图 2-1,通过与鹤壁市区距离远近、设立年份早晚、河南省第二次水资源调查评价是否被选用等因素综合分析、比较和筛选,剔除汛期站,最后选择资料代表性较好、观测精度较高且比较齐全,插补延长资料尽可能少的 17 处雨量站为本次评价代表站,这些站有前嘴、小南海、狮豹头、塔岗、鹤壁、盘石头、小河子、新村、马投涧、朝歌、五陵、高汉、淇门、浚县气象站、道口、白道口、千口及汤阴气象站。

各县(区)及流域分区所选雨量站见表 2-2。

2.1.1.2 多年平均降水量的分析计算

由于所选雨量站地理分布不均匀,西部山区降水量变化梯度相对较大,雨量站点也较密;东部平原区降水量梯度变化较小,所选用的雨量站点相对也较稀疏,故本次平均降水量计算,均采用泰森多边形法。

泰森多边形法又叫垂直平分法,主要用于雨量站布设不均匀,或者有些布设位于区域的边界上,用算术平均法不合理的情况,此法计算公式如下:

$$\overline{P} = \frac{a_1 P_1 + a_2 P_2 + \cdots + a_n P_n}{a_1 + a_2 + \cdots + a_n} = \frac{\sum a_i P_i}{A}$$

式中:P_i 为第 i 分区的逐年年降水量,mm;a_i 为第 i 分区的面积,km^2;A 为计算分区总面积,km^2。

全市多年平均降水量的计算是在各县(区)平均降水量的基础上,以各县(区)面积为权重来进行计算。

为了使各代表站资料统一,采用 1956~2016 年同步系列,对个别缺测月份、年份的降水量分别采用相关法或相邻数站均值替代法等进行插补或延长。

表 2-1　鹤壁市周边雨量站统计

河名	站名	地址	坐标		第二次评价用	站别	设站年份	降水量资料				
			东经	北纬				实测年份（1956年起）	年数	插补延长后系列		
										起	止	年数
安阳河	施家沟	鹤壁市鹤山区姬家山乡施家沟	114°04′	35°56′		汛期	1967	1967~2016				
汤河	鹤壁	鹤壁市山城区鹿楼乡张庄村	114°11′	35°54′	2		1954	1956 1958~2016	60	1956	2016	61
淇河	盘石头	鹤壁市淇滨区大河涧乡弓家庄	114°04′	35°51′	2		1964	1965~2016	52			
淇河	大柏峪	鹤壁市淇县黄洞乡大柏峪	114°06′	35°47′			1967	1967~2016				
淇河	新村	鹤壁市淇滨区庞村镇新村	114°14′	35°45′	2		1952	1956~2016	61			
永通河	申屯	鹤壁市淇滨区大赉店镇申屯	114°20′	35°46′		汛期	1967	1967~2016				
思德河	前嘴	鹤壁市淇县黄洞乡前嘴	114°07′	35°43′	2		1955	1956~2016	61			
思德河	赵庄	鹤壁市淇县桥盟乡赵庄	114°11′	35°38′		汛期	1976	1976~2016				
思德河	朝歌	鹤壁市淇县城关镇	114°12′	35°36′	2		1951	1957~1960 1962~2016	59	1956	2016	61
卫河	淇门	鹤壁市浚县新镇乡小李庄	114°18′	35°30′	2		1951	1956~2016	61			
卫河	浚县	鹤壁市浚县气象站	114°32′	35°40′			1954	1956~2016	61			
卫河	白寺	鹤壁市浚县白寺乡白寺	114°27′	35°41′			1967	1967~2016				

续表 2-1

河名	站名	地址	坐标 东经	坐标 北纬	第二次评价用	站别	设站年份	降水量资料 实测年份(1956年起)	降水量资料 年数	插补延长后系列 起	插补延长后系列 止	插补延长后系列 年数
卫河	屯子	鹤壁市浚县屯子镇屯子	114°29'	35°46'		汛期	1976	1976~2016				
卫河	迎阳铺	鹤壁市浚县善堂乡迎阳铺	114°38'	35°42'		汛期	1967	1967~2016				
淇河	湾子	鹤壁市浚县善堂乡湾子村	114°40'	35°44'			1985	1985~2016				
淇河	东大城	安阳市内黄县梁庄乡东大城村	114°47'	35°43'			1985	1985~2016				
北干河	东申寨	安阳市滑县王庄乡东申寨	114°26'	35°26'			1976	1976~2016				
北干河	道口	安阳市滑县道口镇	114°31'	35°35'	2		1922	1956~2016	61			
金堤河	白道口	安阳市滑县白道口镇白道口村	114°46'	35°38'			1962	1962~2016				
淇河	千口	安阳市内黄县六村乡赵庄	114°45'	35°51'	2		1956	1959~1980 1982~2016	57	1956	2016	61
卫河	五陵	安阳市汤阴县五陵镇五陵庄	114°35'	35°51'	2		1962	1962~2016	55	1956	2016	61
汤河	高汉	安阳市汤阴县菜园乡西高汉	114°30'	35°56'	2		1956	1957~2016	60	1956	2016	61
汤河	小河子	安阳市汤阴县韩庄乡小河子村	114°17'	35°55'	2		1956	1956~2016	61			
洪水河	二十里铺	安阳市安阳县郭村乡二十里铺	114°21'	36°01'			1977	1977~2016				
洪水河	马投涧	安阳市安阳县马投涧乡马投涧	114°15'	36°01'	2		1963	1959 1963~2016	55	1956	2016	61

续表2-1

河名	站名	地址	坐标		第二次评价用	站别	设站年份	降水量资料				
			东经	北纬				实测年份（1956年起）	年数	插补延长后系列		
										起	止	年数
安阳河	小南海	安阳市安阳县善应乡庄货村	114°06'	36°02'	2		1961	1956~2016	61			
安阳河	东姚	安阳市林州市东姚镇东姚村	113°57'	35°55'	2		1953	1956~1958 1960~2016	60	1956	2016	61
淇河	土圈	安阳市林州市五龙镇刁公岩	113°58'	35°51'	2		1954	1954~2007				
淇河	临淇	安阳市林州市临淇镇	113°53'	35°46'	2		1951	1957~2016				
沧河	东栓马	新乡市卫辉市东栓马乡东栓马村	113°56'	35°04'			1965	1965~2016				
沧河	狮豹头	新乡市卫辉市狮豹头乡狮豹头水库	114°00'	35°04'	2		1956	1956~1958 1960 1962~2016	59	1956	2016	61
沧河	塔岗	新乡市卫辉市狮豹头乡塔岗水库	114°02'	35°35'	2		1959	1960~1967 1971~2016	54	1956	2016	61
卫河	东陈召	新乡市卫辉市大公泉乡东陈召村	114°59'	35°32'	2		1966	1967~2016				
卫河	汲县	新乡市卫辉市城郊乡纸坊村	114°04'	35°24'	2		1954	1954~2016				

注：表中"第二次评价"用一栏中的数字2，表示河南省第二次水资源评价时候采用过此站雨量数据，空白则表示没有采用过此站数据。

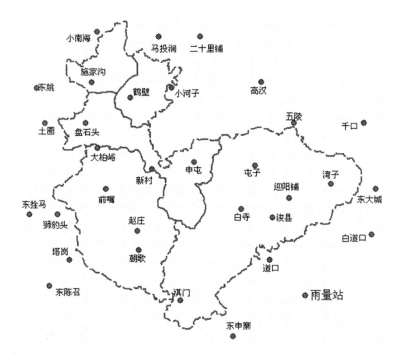

图 2-1　鹤壁市及周边雨量站分布

表 2-2　各县(区)及流域分区所选雨量站

县(区)名	流域分区	面积(km²)	所选雨量站
鹤山区	漳卫河山区	130	小南海、鹤壁
山城区	漳卫河山区	135	马投涧、鹤壁、小河子
淇滨区	漳卫河山区	186	鹤壁、盘石头、新村、前嘴
	漳卫河平原区	89	新村
浚县	漳卫河平原区	1 024	新村、五陵、道口、朝歌、淇门、高汉、白道口、千口、浚县(气象)、汤阴(气象)
淇县	漳卫河山区	333	盘石头、前嘴、新村、狮豹头、塔岗、朝歌
	漳卫河平原区	240	新村、朝歌、淇门、
全市	漳卫河山区	784	
	漳卫河平原区	1 353	
	合计	2 137	

为了分析降水量长、短实测资料系列多年平均年降水量的差异,以分析降水量变化趋势,以 1956~2016(共计 61 年)年降水量为长系列,分 1956~2000 年、1980~2016 年 2 个短系列来进行分析比较。各县(区)不同时间段的平均年降水量见表 2-3,典型雨量站(鹤壁、盘石头、新村、前嘴、朝歌及淇门等共 6 个雨量站)不同时间段各月及年平均降水量见表 2-4,各县(区)及流域分区多年平均降水量见表 2-5,各县(区)及流域分区不同长短系列平均年降水量对比结果见表 2-6。

表 2-3　各县(区)及流域分区不同时段多年平均降水量

县(区)名	时段	雨量(mm)
鹤山区	1956~2016 年	639.02
	1956~2000 年	652.09
	1980~2016 年	608.89
山城区	1956~2016 年	608.42
	1956~2000 年	621.57
	1980~2016 年	577.79
淇滨山丘区	1956~2016 年	657.09
	1956~2000 年	672.59
	1980~2016 年	612.25
淇滨平原	1956~2016 年	634.60
	1956~2000 年	644.04
	1980~2016 年	589.33
淇滨全区	1956~2016 年	649.81
	1956~2000 年	663.36
	1980~2016 年	604.83

续表 2-3

县(区)名	时段	雨量(mm)
浚县	1956~2016 年	591.57
	1956~2000 年	604.03
	1980~2016 年	557.14
淇县山区	1956~2016 年	666.38
	1956~2000 年	678.27
	1980~2016 年	613.52
淇县平原	1956~2016 年	604.41
	1956~2000 年	616.42
	1980~2016 年	570.79
淇县	1956~2016 年	640.43
	1956~2000 年	652.37
	1980~2016 年	595.63
全市山区	1956~2016 年	649.66
	1956~2000 年	662.82
	1980~2016 年	606.30
全市平原	1956~2016 年	596.68
	1956~2000 年	608.86
	1980~2016 年	561.68
全市	1956~2016 年	616.11
	1956~2000 年	628.65
	1980~2016 年	578.05

表 2-4　境内典型雨量站不同时段各月及多年平均降水量

站名	时段	1月	2月	3月	4月	5月	6月	7月	8月	9月	10月	11月	12月	全年
鹤壁	1956~2016年	4.91	9.34	17.73	29.53	44.94	69.32	194.61	144.34	65.49	27.58	19.46	5.45	632.70
	1980~2016年	4.69	8.90	18.16	23.65	51.08	63.16	169.69	141.04	63.82	24.98	16.54	4.38	590.09
	1956~2000年	5.06	8.52	19.78	31.01	43.84	70.96	202.62	156.89	63.10	30.61	20.48	5.22	658.08
盘石头	1956~2016年	4.77	11.21	19.89	29.19	52.95	68.79	209.75	146.84	70.50	33.44	21.13	5.30	673.76
	1980~2016年	4.78	9.18	19.11	23.48	57.60	67.42	180.78	153.29	65.02	29.91	18.93	4.94	634.43
	1956~2000年	5.09	8.96	19.79	27.56	53.96	63.84	216.93	158.72	68.76	35.58	20.87	4.88	684.94
新村	1956~2016年	4.19	8.18	21.10	34.56	43.38	76.69	190.45	147.73	56.64	35.82	20.26	5.04	644.04
	1980~2016年	4.09	9.25	18.73	32.71	45.21	75.44	186.98	138.58	64.62	32.99	20.80	5.22	634.60
	1956~2000年	4.33	9.11	18.25	25.91	52.59	66.36	168.35	126.28	65.70	29.06	18.92	4.48	589.33
前嘴	1956~2016年	5.20	9.87	21.33	36.09	50.19	68.28	219.16	176.93	68.85	36.76	20.24	5.50	718.40
	1980~2016年	5.01	10.69	19.60	34.67	51.94	73.34	211.51	170.79	72.86	33.99	21.53	5.51	711.43
	1956~2000年	5.21	10.58	19.93	28.00	60.37	75.88	177.23	155.30	70.70	30.96	18.70	4.87	657.73
朝歌	1956~2016年	3.78	7.25	18.50	31.30	44.24	68.03	190.81	137.67	57.10	34.38	16.90	4.79	614.74
	1980~2016年	3.79	8.39	16.70	29.96	44.18	68.04	181.46	128.54	60.94	31.20	18.19	4.95	596.35
	1956~2000年	4.17	8.44	16.20	24.99	52.45	65.79	167.75	110.41	60.52	28.63	16.69	4.15	560.20
淇门	1956~2016年	3.66	6.83	19.64	31.74	42.85	68.22	171.31	127.12	61.72	33.96	17.62	4.13	588.80
	1980~2016年	3.81	8.08	17.42	31.10	43.85	68.50	165.54	122.73	64.66	31.07	18.81	4.76	580.34
	1956~2000年	4.32	8.70	17.90	25.68	51.77	64.55	152.00	114.38	64.88	28.79	17.19	4.72	554.87

表 2-5　各县(区)及流域分区多年平均降水量

行政分区	流域分区	计算面积 (km²)	多年平均降水量		占全市年降水量的百分比(%)
			(mm)	(万 m³)	
鹤山区	漳卫河山区	130	639.02	8 307.3	6.31
山城区	漳卫河山区	135	608.42	8 213.7	6.24
淇滨区	漳卫河山区	186	657.09	12 221.9	9.28
	漳卫河平原区	89	634.60	5 647.9	4.29
	小计	275	649.81	17 869.8	13.57
浚县	漳卫河平原区	1 024	591.57	60 576.8	46.01
淇县	漳卫河山区	333	666.38	22 190.5	16.85
	漳卫河平原区	240	604.41	14 505.8	11.02
	小计	573	640.43	36 696.6	27.87
全市	漳卫河山区	784	649.66	50 933.3	38.68
	漳卫河平原区	1 353	596.68	80 730.8	61.32
	平均	2 137	616.11	131 662.7	100.00

表 2-6　各县(区)及流域分区不同长短系列平均年降水量对比结果

分区		平均年降水量(mm)			$\dfrac{\overline{P}_{45}-\overline{P}_{61}}{\overline{P}_{61}}$ (%)	$\dfrac{\overline{P}_{36}-\overline{P}_{61}}{\overline{P}_{61}}$ (%)
		1956~2016 年	1956~2000 年	1980~2016 年		
鹤山区		639.02	652.09	608.89	2.05	-4.72
山城区		608.42	621.57	577.79	2.16	-5.03
淇滨区	漳卫河山区	657.09	672.59	612.25	2.36	-6.82
	漳卫河平原区	634.60	644.04	589.33	1.49	-7.13
	全区	649.81	663.36	604.83	2.09	-6.92
浚县		591.57	604.03	557.14	2.11	-5.82

续表 2-6

分区		平均年降水量（mm）			$\dfrac{\overline{P}_{45} - \overline{P}_{61}}{\overline{P}_{61}}$ （%）	$\dfrac{\overline{P}_{36} - \overline{P}_{61}}{\overline{P}_{61}}$ （%）
		1956~2016 年	1956~2000 年	1980~2016 年		
淇县	漳卫河山区	666.38	678.27	613.52	1.78	−7.93
	漳卫河平原区	604.41	616.42	570.79	1.99	−5.56
	全县	640.43	652.37	595.63	1.86	−7.00
鹤壁市	漳卫河山区	649.66	662.82	606.30	2.03	−6.67
	漳卫河平原区	596.68	608.86	561.68	2.04	−5.87
	全市	616.11	628.65	578.05	2.04	−6.18

注：表中 $\overline{P}_{61}$ 为 1956~2016 年多年平均降水量；$\overline{P}_{45}$ 为 1956~2000 年多年平均降水量；$\overline{P}_{36}$ 为 1980~2016 年多年平均降水量。

从表 2-5 中可以看出，鹤壁市全境的多年（1956~2016 年）平均降水量为 616.11 mm，约合 13.44 亿 m^3。全境漳卫河山区平均为 649.66 mm，其中淇县漳卫河山区的多年平均降水量最大，为 666.38 mm；淇滨区次之，为 657.09 mm；山城区最小，为 608.42 mm。全境漳卫河平原区为 596.68 mm，其中淇滨区最大，为 634.60 mm，浚县最小，为 591.57 mm。

从表 2-6 中可以看出，鹤壁市 1956~2000 年的平均年降水量均比 1980~2016 年的偏大，一般偏大 6.7%~9.1%。

2.1.2　不同频率年降水量

水文现象和其他的自然现象一样，在其本身发生、发展和演变的过程中，包含着必然的一面，也包含着随机性的一面。有的年份大，有的年份小，其变化规律符合 P-Ⅲ 分布规律。

境内共选取鹤壁、盘石头、新村、前嘴、朝歌及淇门等共 6 个雨量站进行频率计算，资料系列为 1956~2016 年，成果见表 2-7。

表 2-7 鹤壁市境内典型雨量站 1956~2016 年不同频率年降水量分析成果

雨量站	1956~2016 年 (mm)	C_v	$\dfrac{C_s}{C_v}$	不同频率降水量(mm)			
				20%	50%	75%	95%
鹤壁	633.1	0.32	2.5	792.0	605.1	481.9	348.4
盘石头	673.9	0.32	2.5	842.1	645.9	516.5	376.3
新村	633.1	0.33	2.5	795.1	606.1	481.5	346.5
前嘴	710.7	0.32	2.5	882.6	682.1	549.9	406.7
朝歌	597.3	0.28	2.5	728.4	576.0	475.5	358.2
淇门	580.9	0.31	1.0	727.6	572.0	455.7	303.6

2.1.3 降水量时空分布特征

2.1.3.1 降水量的区域分布

根据本次评价所选取的雨量站资料,绘制鹤壁市多年平均年降水量等值线图,如图 2-2 所示。

从图 2-2 可以看出,鹤壁市年降水量的区域分布很不均匀,总体上是由东向西呈递增趋势。东部浚县平原区年降水量梯度变化比较平缓,西部山丘区年降水量梯度变化比较大,其中淇县前嘴雨量站为降水量高值区,多年平均降水量为 710.7 mm,山丘区降水量以前嘴为中心分别向北和向南递减,前嘴—塔岗方向变化剧烈,前嘴—小南海方向变化相对平缓。

2.1.3.2 降水量的年际变化

采用年降水量变差系数 C_v 和最大年降水量与最小年降水量比值来分析鹤壁市降水量的年际变化特征。利用本次评价所用雨量站 1956~2016 年降水量系列资料,计算确定年降水量统计参数 C_v,并绘

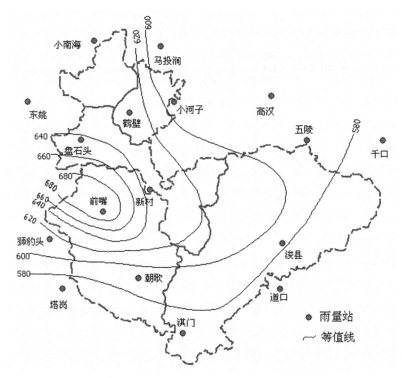

图 2-2 鹤壁市多年平均降水量等值线(1956~2016 年)

制出同步期的年降水量变差系数 C_v 等值线图,见图 2-3。分析境内典型雨量站最大年降水量与最小年降水量的比值(见表 2-8)。

从图 2-3 中可看出,鹤壁市降水量的年际变化幅度东西南北变化不是很大,C_v 值为 0.28~0.33,由南到北及由西到东略微递增。

从表 2-8 看出,境内雨量站最大、最小倍比值一般为 3.9~6.1,呈现西部比东部小的态势。

2.1.4 降水评价成果与河南省第二次水资源降水评价成果比较

本次评价与河南省第二次水资源评价降水量情况比较见表 2-9。

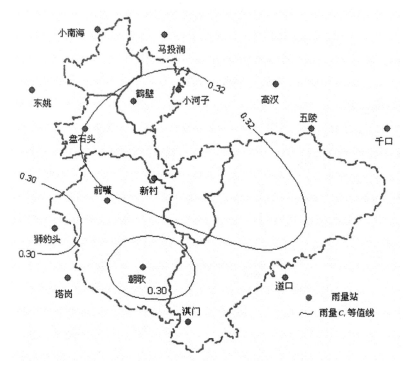

图 2-3 鹤壁市多年平均降水量变差系数 C_v 等值线(1956~2016 年)

表 2-8 鹤壁境内典型雨量站年降水量最大、最小倍比

雨量站	年降水量 (mm)	最大年		最小年		最大、最 小倍比
		降水量 (mm)	年份	降水量 (mm)	年份	
鹤壁	640.77	1 371.8	1963	265.9	1965	5.2
小河子	581.27	1 373	1963	228.9	1997	6.0
塔岗	562.19	1 169.7	1963	244	2002	4.8
五陵	593.03	1 421.3	1963	290.7	1997	4.9
浚县(气)	603.8	1 315	1963	252.1	1997	5.2
盘石头	673.76	1 400	1956	338.1	1997	4.1

续表 2-8

雨量站	年降水量 （mm）	最大年		最小年		最大、最 小倍比
		降水量 （mm）	年份	降水量 （mm）	年份	
狮豹头	613.65	1 150	1963	297.4	1965	3.9
小南海	641.79	1 435.3	1963	256.6	1965	5.6
道口	568.43	1 069.8	1963	174.5	1997	6.1
新村	634.6	1 626.9	1956	299.8	1981	5.4
朝歌	596.33	1 147	1963	249.5	1997	4.6
淇门	578.62	1 105.3	1963	239.6	1997	4.6
前嘴	711.43	1 496.3	1956	289	1965	5.2

表 2-9　本次评价降水量与河南省第二次水资源评价比较

评价系列	1956~ 2016 年	与二次 评价比较	1956~ 2000 年	与二次 评价比较	1980~ 2016 年	与二次 评价比较
全市	616.11	−2.31	628.65	−0.33	578.05	−8.14

2.2　蒸　发

2.2.1　水面蒸发量的基本概念

水面蒸发量是反映当地蒸发能力的指标。蒸发能力是指在充分供水条件下的陆面蒸发量，一般通过水面蒸发量的观测来确定。

分析水面蒸发量，与分析当地降水形成的产流状况，以及水资源开发资源利用过程中的三水转化所产生的消耗量等息息相关。水面蒸发量主要受气压、气温、湿度、风力、辐射等气象因素的综合影响，在不同纬度、不同地形条件下所产生的水面蒸发量有着显著的差异。

2.2.2　选用站及资料情况

2.2.2.1　选用站基本情况

经过调查,鹤壁境内及周边水文系统共有淇门、新村、盘石头、天桥断、横水、合河及大车集等 7 个蒸发站,气象系统有鹤壁、浚县、淇县、滑县、汤阴等蒸发站,气象系统上述蒸发站 2000 年后被撤销,资料系列 (1956~2016 年) 不完整,天桥断、横水、合河及大车集距离鹤壁市又较远,故选择淇门和新村作为本次蒸发分析选用站。

淇门和新村蒸发站自有水面蒸发观测资料以来,除采用 E601 型蒸发器观测外,期间还交叉采用 Φ20 和 Φ80 等型号的蒸发皿观测,资料系列年限为 1956~2016 年,对于缺测年份或月份,采用相邻站或相近站水面蒸发量资料进行插补和延长。

2.2.2.2　水面蒸发折算系数

水面蒸发观测仪器主要有三种:E601 型蒸发器(简称 E601)、80 cm 口径套盆式蒸发器(简称 Φ80)和 20 cm 口径小型蒸发器(简称 Φ20)。由于观测器(皿)的口径不同,观测的水面蒸发量也随之不同。不同口径蒸发器的观测值,采用逐年、逐月换算成 E601 型蒸发器的蒸发量。

Φ80 与 E601 的折算系数以及 2000 年之前的 Φ20 与 E601 折算系数沿用第二次水资源调查评价的成果。Φ80 与 E601 水面蒸发量综合折算系数为 0.84;Φ20 与 E601 折算系数漳卫河山区为 0.64,漳卫河平原区为 0.65。

2.2.3　各分区水面蒸发量

鹤壁市水面蒸发量的计算,采用淇门和新村两个代表站水面蒸发系列资料,分别代表漳卫河平原区和漳卫河山区的蒸发量。鹤壁市各县(区)与流域分区选用的代表站以及分析成果见表 2-10。

表 2-10 各县(区)与流域分区 1956~2016 年平均水面蒸发量分析成果

县(区)	流域分区	代表站	资料系列	多年平均蒸发量(mm)	最大值		最小值		最大值与最小值的比值
					蒸发量(mm)	年份	蒸发量(mm)	年份	
鹤山区	漳卫河山区	新村	1956~2016 年	1 227.9	2 235.4	1961	744.1	2009	3
山城区	漳卫河山区	新村	1956~2016 年	1 227.9	2 235.4	1961	744.1	2009	3
淇滨区	漳卫河山区	新村	1956~2016 年	1 227.9	2 235.4	1961	744.1	2009	3
	漳卫河平原区	淇门	1956~2016 年	950.9	1 495.8	1966	557.6	2003	2.7
	全区		1956~2016 年	1 098.8	1 784.7	1961	658.4	2003	2.7
浚县	漳卫河平原区	淇门	1956~2016 年	950.9	1 495.8	1966	557.6	2003	2.7
淇县	漳卫河山区	新村	1956~2016 年	1 227.9	2 235.4	1961	744.1	2009	3
	漳卫河平原区	淇门	1956~2016 年	950.9	1 495.8	1966	557.6	2003	2.7
	全县		1956~2016 年	1 112.4	1 831.9	1961	667.7	2003	2.7
鹤壁市	漳卫河山区	新村	1956~2016 年	1 227.9	2 235.4	1961	744.1	2009	3
	漳卫河平原区	淇门	1956~2016 年	950.9	1 495.8	1966	557.6	2003	2.7
	全市		1956~2016 年	1 052.6	1 647.3	1965	626.9	2003	2.6

通过上述分析结果可以看出,鹤壁市的多年平均年水面蒸发量为 1 052.6 mm(1956~2016 年),合 22.97 亿 m³,是全市多年平均年降水量(13.44 亿 m³)的 1.71 倍。由此可见,鹤壁市作为半湿润地区,其水面蒸发能力是比较强的。

水面蒸发的多年变化与影响其变化的气候等各种因素有关,最大水面蒸发量与最小水面蒸发量之比一般为 2.6~3.0。

2.2.4 水面蒸发量的时空分布

2.2.4.1 水面蒸发的地区分布

由表 2-10 中可以看出,鹤壁市全区的多年平均水面蒸发量为 1 052.6 mm,流域分区中多年平均水面蒸发量小于 1 000 mm 的低值区均在漳卫河平原区,最小为 950.9 mm,漳卫河山区多年平均水面蒸发量均大于 1 000 mm,最大为 1 227.9 mm。

总之,由水面蒸发量分析结果可看出,鹤壁市年水面蒸发量的地区分布规律东西方向与年降水量基本一致,即年水面蒸发量的区域变化规律总体上是由东向西呈递增的趋势,而南北方向则相反。

2.2.4.2 水面蒸发的年内分配

鹤壁市各县(区)及流域分区 1956~2016 年各月水面蒸发量年内分配见表 2-11,1956~2016 年全市多年平均水面蒸发量年内分配见图 2-4。从表 2-11 中可以看出,流域分区中漳卫河山区和漳卫河平原区的水面蒸发年内分配规律没有较明显的差异,只是在 4~6 月时漳卫河平原区水面蒸发量所占全年总蒸发量的比值(10.8%~15.7%)均小于漳卫河山区水面蒸发量占全年总蒸发量的比值(11.5%~15.8%)。其余月份,漳卫河平原区蒸发量除 10 月外,均大于漳卫河山区。

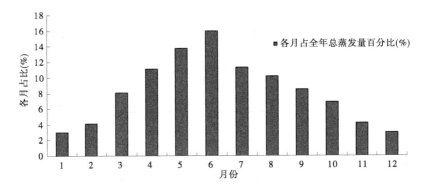

图 2-4 鹤壁市 1956~2016 年全市多年平均水面蒸发量年内分配

从图 2-4 中可以看出,鹤壁市 1956~2016 年全市多年平均水面蒸发量,1~6 月呈逐月增加趋势,6~12 月呈逐月递减趋势。

另外,水面蒸发量最大的月份,漳卫河山区和漳卫河平原区均出现在 5 月、6 月,其水面蒸发量占全年的 13.0%~15.8%;而水面蒸发量最小的的月份,漳卫河山区与漳卫河平原区均出现在 1 月,水面蒸发量占全年的 2.8%~3.1%。

水面蒸发量年内四季分配结果见表 2-12。

表 2-11　各县(区)及流域分区 1956~2016 年各月平均水面蒸发量年内分配分析结果　　　(%)

县(区)	流域分区	代表站	1月	2月	3月	4月	5月	6月	7月	8月	9月	10月	11月	12月	全年
鹤山区	漳卫河山区	新村	2.8	4	8	11.5	14.7	15.8	10.9	9.7	8.4	7.1	4.1	3	100
山城区	漳卫河山区	新村	2.8	4	8	11.5	14.7	15.8	10.9	9.7	8.4	7.1	4.1	3	100
淇滨区	漳卫河山区	新村	2.8	4	8	11.5	14.7	15.8	10.9	9.7	8.4	7.1	4.1	3	100
	漳卫河平原区	淇门	3.1	4.2	8.2	10.8	13.0	15.7	11.6	10.6	8.6	6.7	4.4	3.1	100
	平均		2.9	4.1	8.1	11.2	14.0	15.8	11.2	10.1	8.5	6.9	4.2	3	100
浚县	漳卫河平原区	淇门	3.1	4.2	8.2	10.8	13.0	15.7	11.6	10.6	8.6	6.7	4.4	3.1	100
淇县	漳卫河山区	新村	2.8	4	8	11.5	14.7	15.8	10.9	9.7	8.4	7.1	4.1	3	100
	漳卫河平原区	淇门	3.1	4.2	8.2	10.8	13.0	15.7	11.6	10.6	8.6	6.7	4.4	3.1	100
	平均		2.9	4.1	8.1	11.3	14.1	15.7	11.1	10	8.5	7	4.2	3	100
全市	漳卫河山区	新村	2.8	4	8	11.5	14.7	15.8	10.9	9.7	8.4	7.1	4.1	3	100
	漳卫河平原区	淇门	3.1	4.2	8.2	10.8	13.0	15.7	11.6	10.6	8.6	6.7	4.4	3.1	100
	平均		3	4.1	8.1	11.1	13.7	15.9	11.3	10.2	8.5	6.9	4.2	3	100

表 2-12　各县(区)及流域分区 1956~2016 年平均四季水面蒸发量分配分析结果

（%）

县(区)	流域分区	代表站	春季 3~5 月	夏季 6~8 月	秋季 9~11 月	冬季 12 月、1~2 月	最大 所占比例 (%)	最大 所在月份	最小 所占比例 (%)	最小 所在月份
鹤山区	漳卫河山区	新村	34.2	36.3	19.6	9.8	15.7	6	2.8	1
山城区	漳卫河山区	新村	34.2	36.3	19.6	9.8	15.7	6	2.8	1
淇滨区	漳卫河山区	新村	34.2	36.3	19.6	9.8	15.7	6	2.8	1
	漳卫河平原区	淇门	32	38	19.7	10.3	15.8	6	3.1	12
	全区		33.3	37	19.6	10	15.8	6	2.9	1
浚县	漳卫河平原区	淇门	32	38	19.7	10.3	15.8	6	3.1	12
淇县	漳卫河山区	新村	34.2	36.3	19.6	9.8	15.7	6	2.8	1
	漳卫河平原区	淇门	32	38	19.7	10.3	15.8	6	3.1	12
	全县		33.4	36.9	19.6	10	15.7	6	2.9	1
鹤壁市	漳卫河山区	新村	34.2	36.3	19.6	9.8	15.7	6	2.8	1
	漳卫河平原区	淇门	32	38	19.7	10.3	15.8	6	3.1	12
	全市		32.9	37.3	19.7	10.1	15.8	6	3	1

　　从表 2-12 可以看出,鹤壁市所辖各县(区)及流域分区不同季节水面蒸发量的变化趋势基本一致,具有较好的同步性,按照水面蒸发量大小顺序,依次是夏季、春季、秋季和冬季,且最大蒸发量和最小蒸发量分别都出现在 6 月和 1 月。全市夏季水面蒸发量均为最大,占全年水面总蒸发量的 37.3%;春季次之,其水面蒸发量占全年的 32.9%;冬季最小,其水面蒸发量仅占全年的 10.1%。

　　综上所述,鹤壁市春季和夏季是蒸发能力最强的时节,也正是冬小麦等农作物生长耗水量最大的季节,一般需要进行补充灌溉,以确保农业丰收。

2.2.5　蒸发评价成果与河南省第二次水资源评价蒸发量成果比较

蒸发评价成果与河南省第二次水资源评价蒸发量成果比较结果见表 2-13。

表 2-13　蒸发评价成果与河南省第二次水资源评价蒸发量成果比较

站名	本次		第二次	本次与第二次误差(%)
系列	1956~2000 年	1956~2016 年	1956~2000 年	
新村	1 347.0	1 227.9	1 229.7	9.5
淇门	1 035.6	950.9	936.4	10.1

从表 2-13 可以看出,1956~2000 年这个时段,存在较大误差,主要原因是历史上蒸发观测皿型号(Φ20、Φ800 及 E601)众多,而且年与年之间观测时段不统一。本次评价根据收集到的历年蒸发皿使用情况,重新换算到 E601 蒸发皿数据计算而得。

2.3　干旱指数

2.3.1　各县(区)及流域分区的干旱指数

干旱指数是反映气象干湿程度的指标,等于该地区水面蒸发量与年降水量之比。

当干旱指数小于 1.00 时,说明降水量大于当地的蒸发能力,表明该地区气候湿润;当干旱指数大于 1.00 时,说明降水量小于当地的蒸发能力,表明该地区气候偏于干旱。干旱指数愈大,干旱程度愈严重。根据干旱指数大小,可进行气候干湿分带,划分标准见表 2-14。利用鹤壁市各县(区)及流域分区的水面蒸发量(E601)和降水量分析结果,分别计算鹤壁市各县(区)及流域分区的干旱指数,见表 2-15。

表 2-14 气候分带划分等级

气候分带	干旱指数
十分湿润	<0.5
湿润	0.5~1.0
半湿润	1.0~3.0
半干旱	3.0~7.0
干旱	>7.0

表 2-15 各县（区）及流域分区 1956~2016 年平均干旱指数 r 分析结果

县（区）	流域分区	蒸发代表站	蒸发均值（mm）	降雨均值（mm）	干旱指数 r
鹤山区	漳卫河山区	新村	1 227.9	635.9	1.93
山城区	漳卫河山区	新村	1 227.9	609.7	2.01
淇滨区	漳卫河山区	新村	1 227.9	655.8	1.87
	漳卫河平原区	淇门	950.9	630.1	1.51
	全区	新村、淇门	1 098.8	643.8	1.71
浚县	漳卫河平原区	淇门	950.9	586.3	1.62
淇县	漳卫河山区	新村	1 227.9	656.8	1.87
	漳卫河平原区	淇门	950.9	598.9	1.59
	全县	新村、淇门	1 112.4	632.8	1.76
鹤壁市	漳卫河山区	新村	1 227.9	645	1.9
	漳卫河平原区	淇门	950.9	593.5	1.6
	全市	新村、淇门	1 052.6	612.5	1.72

由表 2-15 中可以看出,鹤壁市平均干旱指数 r 为 1.72,属于半湿润气候区。其中,漳卫河山区的干旱指数 r 相对较大,为 1.9;而漳卫河平原干旱指数 r 相对较小,为 1.6。淇滨平原区的干旱指数 r 最小,为 1.51,而山城区最大,其干旱指数 r 为 2.01。总之,鹤壁市的干旱指数 r 具有一定的地带性分布规律,总体上呈现从北向南、从西向东逐渐递减的趋势。

2.3.2　干旱指数的多年变化

干旱指数的多年变化用最大年与最小年干旱指数的比值来表征。其具体分析见表 2-16。从表中可以看出,全区最干旱年份为 1965 年,其平均干旱指数为 5.03,表现为半干旱气候特征;而全区最湿润年份为 2003 年,其平均干旱指数为 0.82,表现为湿润气候特征。其中,各分区最湿润年份出现的同步性较差,分别为 2000 年、2003 年和 2010 年,其干旱指数一般为 0.65~1.04。最干旱年份同步性较好,均发生在 1965 年。

表 2-16　各县(区)及流域分区 1956~2016 年干旱指数 r

县(区)	流域分区	最大值		最小值		最大值与最小值的比值
		干旱指数	年份	干旱指数	年份	
鹤山区	漳卫河山区	7.2	1965	1.04	2003	6.92
山城区	漳卫河山区	6.74	1965	1.04	2010	6.48
淇滨区	漳卫河山区	5.87	1965	0.96	2003	6.11
	漳卫河平原区	4.66	1965	0.67	2000	6.96
	全区	5.31	1965	0.84	2003	6.32
浚县	漳卫河平原区	4.35	1965	0.72	2003	6.04

续表 2-16

县（区）	流域分区	最大值		最小值		最大值与最小值的比值
		干旱指数	年份	干旱指数	年份	
淇县	漳卫河山区	6.29	1965	0.94	2003	6.69
	漳卫河平原区	4.09	1965	0.65	2000	6.29
	全县	5.27	1965	0.87	2003	6.06
鹤壁市	漳卫河山区	6.4	1965	0.99	2003	6.46
	漳卫河平原区	4.34	1965	0.71	2000	6.11
	全市	5.03	1965	0.82	2003	6.13

2.3.3 干旱指数评价成果与河南省第二次水资源评价干旱指数成果比较

本次干旱指数评价和河南省第二次水资源评价干旱指数进行比较,结果见表 2-17。

表 2-17　干旱指数评价成果与河南省第二次水资源评价干旱指数成果比较

代表站	本次评价结果（1956~2016 年）	河南省第二次水资源评价结果（1956~2000 年）	本次与第二次误差（%）
新村	2.09	2.14	2.3
淇门	1.75	1.69	3.6

从表 2-17 可以看出,本次评价与河南省第二次水资源评价结果存在着误差,但误差不大,新村站为 2.3%,淇门为 3.6%,误差的主要原因是蒸发量计算存在着误差。

第 3 章　地表水资源量

地表水资源量是指河流、湖泊、冰川等地表水体中由当地降水形成的、可以逐年更新的动态水量,用天然河川径流量表示。

天然河川径流还原计算是区域地表水资源量评价计算的基础工作,河川径流还原计算的精度与可靠性直接影响区域地表水资源评价成果的质量。受日益频繁的人类活动的影响,天然状态下的河川径流特征已经发生了显著变化,依据水文站实测资料计算区域河川径流量,必须在用水量资料已经还原的基础上进行。根据《全国水资源调查评价技术细则》和《河南省第三次全国水资源调查评价工作大纲》的要求,本次评价通过对选用水文站实测径流资料的还原计算和系列一致性分析与处理,推求天然河川径流量,河川径流量资料系列要求反映2001 年以来近期下垫面条件,同期系列长度应与降水量系列一致。

区域地表水资源量的计算,是在单站天然河川径流量计算成果的基础上,提出水资源四级区套省辖市 1956~2016 年地表水资源量系列评价成果;通过分析计算,进一步提出县级行政区及主要控制断面1956~2016 年地表水资源量系列评价成果,汇总各级水资源分区、行政分区 1956~2016 年地表水资源量系列评价成果。

3.1　区间天然径流量计算

3.1.1　代表站及资料情况

鹤壁市各县(区)地表水资源分区主要分西部漳卫河山丘区和东部漳卫河平原区。为了提高各县(区)地表水资源量的精度,本次水资源评价中的河川径流还原计算尽量选择市域内或周边控制条件较好、实测系列一致、资料完整齐全、地形地貌相近、产汇流条件相似的水文站作为分析计算的代表站。采用分析的资料有河道实测的基本水文资料、水利工程调控水量(蓄水、引水、提水、分洪)及区域工农业生活引用耗水量等。

3.1.1.1　代表站的选取

鹤壁市域内及周边水文站主要有共产主义渠黄土岗、刘庄,卫河汲县、淇门、五陵、元村,淇河盘石头及新村,安阳河小南海及安阳,汤河小河子等,各站断面地点集水面积等情况见表3-1,其分布情况见图3-1。

河南省第一次和第二次水资源评价根据上述各站的位置、设立时间及地形地貌、实测资料和控制面积等情况,在鹤壁市及周边共选取汲县(含黄土岗)、淇门(含刘庄)、新村、安阳和元村等水文站为代表站,共组成4个径流计算单元并对其进行径流还原计算,这4个单元分别是:安阳、新村以上,汲县(含黄土岗)—新村—淇门(含刘庄)5个水文站组成的区间(简称汲新淇区间),淇门(含刘庄)—安阳—元村4个水文站组成的区间(简称淇安元区间)等。

盘石头水文站成立于2008年,距2016年仅有8年时间,实测径流资料系列短,难以与其他站资料匹配,因此本次水资源评价也未采用其实测资料。

综合水文站点分布和资料系列长短情况,由上述水文站形成的径流计算分区可分为新村、安阳、淇安元区间、汲新淇区间。其基本情况见表3-2。

新村所控制的流域全部为山丘区兼有少量的山间盆地(临淇盆地约占总面积的2%),安阳控制的流域含有约占总面积10%的林州盆地,5%的平原区,从地形地貌上来讲,新村流域与安阳流域产汇流条件存在一定的差别。鹤壁境内山丘区为纯山丘区,没有区间盆地,其产汇流条件与新村径流计算单元更为接近,因此本次评价,选用新村径流计算单元来评价鹤壁市山丘区的水资源量。

鹤壁境内及周边没有一个完整的纯平原径流计算分区,因此选用汲新淇区间(汲新淇区间平原面积为799.4 km²,占比为57.1%)来评价鹤壁市平原区的水资源量。

表 3-1　鹤壁市域内及周边水文站基本情况一览

河流	站名	断面地点	东经	北纬	设站年份	集水面积(km²)	水位测验	流量测验
卫河	汲县	新乡市卫辉市城郊乡下园村	114°03′	35°25′	1954	5 050		√
共产主义渠	黄土岗	新乡市卫辉市城郊乡下园村	114°03′	35°25′	1954	5 050		√
卫河	淇门	鹤壁市浚县新镇镇李庄村	114°18′	35°30′	1951	8 427		√
共产主义渠	刘庄(二)	鹤壁市浚县新镇镇刘庄	114°17′	35°30′	1962	8 427		√
卫河	五陵	安阳市汤阴县五陵镇五陵村	114°34′	35°51′	1983	9 397		√
卫河	元村	濮阳市南乐县元村集镇元村集	115°04′	36°06′	1979	14 286		√
淇河	盘石头水库	鹤壁市淇滨区大河涧乡弓家庄	114°03′	35°51′	2008	1 915		√
淇河	新村	鹤壁市淇滨区庞村镇新村	114°14′	35°45′	1952	2 118		√
安阳河	安阳	安阳市北关区安家庄村	114°21′	36°07′	1952	1 484		√
汤河	小河子水库	安阳市汤阴县韩庄乡小河子村	114°17′	35°55′	1952	166	√	

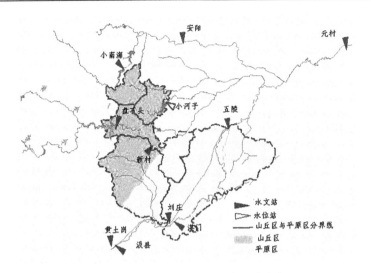

图 3-1　鹤壁市域内及周边水文站分布

表 3-2　鹤壁市境内及周边径流计算单元基本情况

径流计算单元名称	控制面积			其中鹤壁市境内面积（km²）	境内面积占鹤壁市总面积（%）	地貌类型
	面积（km²）	其中				
		平原面积占比（%）	山丘区面积占比（%）			
新村	2 118	0	100	192.8	8.84	山丘区
安阳	1 484	5	95	64.5	2.96	山丘区兼平原区
淇安元	4 375	90.4	9.6	1 372	62.88	平原区兼山丘区
汲新淇	1 400	57.1	42.9	552.7	25.32	山丘区兼平原区
合计	9 377			2 182	100	

　　河南省第二次水资源评价,选取新村及汲新淇区间径流还原计算单元分别参与海河流域山丘区和平原区水资源量的计算,从这点也可以佐证本次选用新村站和汲新淇区间来分别作为漳卫河山区和漳卫河平原区水资源量计算的合理性。

3.1.1.2　代表站基本情况

1.新村水文站

新村水文站位于卫河支流鹤壁市庞村镇新村附近的淇河上,省级重点站,控制流域面积 2 118 km²。

新村水文站于 1952 年 6 月设立,其观测项目主要有水位、流量、降水量、蒸发量、单沙、水质、水温、墒情等,建站至今有完善的水位、流量、降水量等资料系列。现由河南省鹤壁水文水资源勘测局管理。

2.淇门、刘庄

淇门水文站位于浚县新镇镇小李庄附近的卫河干流上,国家级重点站,1933 年 11 月设立,1937 年停测,1951 年 7 月设为汛期水位站,同年 10 月改为常年水位站。1952 年 6 月改为水文站并下迁至小李庄东南。刘庄水文站位于浚县新镇镇刘庄村附近的共产主义渠上,省级重点站,共产主义渠为人工河道,1962 年 7 月设立为水文站。1964 年 7 月测流断面下迁 2.4 km,1966 年 4 月测流断面又上迁 2.3 km,断面距刘庄节制闸 400 m。

两水文站共同控制流域面积 8 427 km²,其观测项目主要有水位、流量、降水量、蒸发量、水质、墒情等,建站至今有完善的水位、流量、降水量等资料系列。

淇门、刘庄两站位于卫河、共产主义渠、淇河交汇口下游,两站流量常受刘庄闸启闭控制影响。其上游共产主义渠左岸新乡境内有小支流沧河汇入,鹤壁境内有思德河和淇河汇入。卫河、共产主义渠及淇河三条河相互影响、互相贯通。现由河南省鹤壁水文水资源勘测局管理。

3.安阳

安阳水文站位于卫河支流安阳市北关区安家庄村附近的安阳河上,省级重点站,测验断面以上控制流域面积 1 484 km²。1921 年 7 月设立为安阳汛期水文站,1926 年停测,以后曾两次恢复为汛期站(1929年 7~9 月、1933 年 6 月至 1934 年 9 月)。1952 年 6 月设立为汛期水文站,同年 10 月改为常年站,其观测项目主要有水位、流量、降水量等,建站至今有完善的水位、流量、降水量等资料系列。现由河南省安阳水文水资源勘测局管理。

3.1.1.3　代表站的资料情况

新村、淇门、刘庄等站配备了相应的符合标准的仪器、设备,其水位、流量、泥沙等测验规范,测验精度和整编质量满足测验和整编规范要求。自设立初至今其水文观测资料已整编、刊印成册。基本资料系列完整,具有一定精度,成果可靠。本次评价充分利用以上代表站第二次河南省水资源评价时用的 1956~2000 年系列实测资料成果。也收集到了 2001~2016 年上述代表站实测流量资料,形成了完整的 1956~2016 年系列资料。

3.1.2　还原计算方法

由于受人类活动影响,利用测站断面实测资料计算的成果往往不能反映流域内的天然径流情况。因此,无论是计算漳卫河山区还是计算漳卫河平原区地表水资源量,都需对所选水文站的断面实测径流资料进行还原计算,还原项目包括农业灌溉耗水量,工业耗水量,城镇生活耗水量,跨流域引水,大中小型水库、闸坝蓄变量,水库蒸发损失量和渗漏量等。

新村以上还原计算单元采用下式进行:

$$W_{天然} = W_{实测} + W_{还原} \tag{3-1}$$

$$W_{还原} = W_{农灌} + W_{工业} + W_{生活} \pm W_{引水} \pm W_{分洪} \pm W_{库蓄} + W_{库渗} + W_{其他} \tag{3-2}$$

式中:$W_{天然}$ 为还原后的天然径流量;$W_{实测}$ 为实测径流量;$W_{还原}$ 为流域内的还原水量;$W_{农灌}$ 为农业灌溉耗水量;$W_{工业}$ 为工业用水耗水量;$W_{生活}$ 为城乡生活用水耗水量;$W_{引水}$ 为跨流域(或跨区间)引水量,引出为正,引入为负;$W_{分洪}$ 为河道分洪决口水量,分出为正,分入为负;$W_{库蓄}$ 为大、中型水库或河道闸坝蓄水变量,增加为正,减少为负;$W_{库渗}$ 为水库渗漏水量(数量一般不大,对下游站来说仍可回到断面上,可以不计);$W_{其他}$ 为对于改变计算代表站控制流域内河川径流量有影响的其他水量。

汲新淇区间还原计算单元[淇门+刘庄-新村-(汲县+黄土岗)]的天然径流量计算采用下式计算:

$$W_{区间还原} = W_{区间农灌} + W_{区间工业} + W_{区间生活} \pm W_{区间引水} \pm$$

$$W_{区间分洪} \pm W_{区间库蓄} + W_{区间库渗} + W_{区间其他} \qquad (3-3)$$

式中：$W_{区间还原}$ 为汲新淇区间的还原水量；其他参数意义同前。

3.1.3　分项水量调查计算方法

根据还原计算的原理和方法，分项水量调查主要项目包括农业灌溉、城镇工业和生活用水的耗损量（含蒸发消耗和入渗损失），跨流域引入、引出水量，河道分洪决口水量，水库及拦河闸蓄水变量等。

本次评价对流域分区径流还原计算所需要的各项调查资料，其计算根据《河南省第三次水资源调查评价工作大纲》，方法如下。

3.1.3.1　农业灌溉耗损水量（$W_{农灌}$）计算

农业灌溉耗损水量是指农林、菜田引水灌溉过程中，因蒸散发和渗漏损失而不能回归河流的水量。农业灌溉耗损水量包括：①田间耗水量，不同作物的蒸腾、棵间散发及田间渗漏量等灌溉消耗水量；②灌溉过程中的输水损耗水量（干、支、斗、农渠输水工程），含渠道水面蒸发量及渠道渗漏水量。

农业灌溉耗损还原水量计算是根据河流水资源开发利用调查资料（收集渠道引水量、退水量、灌溉制度、实灌面积、实灌定额、渠系有效利用系数、灌溉回归系数等资料），在查清渠道引水口、退水口的位置和灌区分布范围的基础上，依据资料情况采用不同计算方法进行计算。

3.1.3.2　城镇工业和生活用水耗损量计算

城镇工业和生活用水耗损量包括用户消耗水量和输排水损失量，为取水量与入河废污水量之差。

1.工业耗损水量（$W_{工业}$）计算

工业耗损水量计算是在城市工业供水调查和分行业年取水量、用水重复利用率的典型调查分析的基础上，并根据各行业的产值，计算出万元产值取用水量 Z_i（m^3/万元）和相应行业的万元产值耗水率 η_i。对地表水供水工程及供水量进行调查和分析计算。

工业耗水量可根据各行业用水定额乘以该行业耗水率求得，即

$$W_{工业} = \sum_{i=1}^{n} \eta_i \cdot Z_i$$

或

$$W_{工业} = \eta_{综合} \cdot Z_{综合}$$

式中：Z_i、$Z_{综合}$ 为各行业用水定额或工业综合用水定额；η_i、$\eta_{综合}$ 为各行业耗水率或工业综合耗水率。

2.城镇居民生活耗水量（$W_{生活}$）计算

城镇居民生活用水采用地表水源供水的城市,其居民生活耗水量计算可采用供水工程的引水统计资料或自来水厂的供水量调查资料。其耗水量可按下式进行计算：

$$W_{生活} = \beta' W_{用水}$$

式中：$W_{生活}$ 为生活耗水量；β' 为生活耗水率；$W_{用水}$ 为生活用水量。

农村生活用水面广量小,且多为地下水,对测站径流影响很小,一般可以忽略不计。

3.1.3.3　水利工程蓄水变量（$W_{库蓄}$）计算

蓄水变量计算分水库或拦河闸坝蓄水变量。对于水库,利用水库水位—库容曲线加以核对,不同年代的蓄变量要采用对应年代的水位—库容曲线。

对于拦河闸坝,由水闸的水位—库容曲线（反映不同时期淤积变化）查得拦河闸蓄水量,进一步计算拦河闸蓄变量。公式如下：

$$W_{库蓄} = W_{下月1日} - W_{本月1日}$$

式中：$W_{库蓄}$ 为闸坝或水库蓄水变量；$W_{下月1日}$ 为闸坝或水库下月1日的蓄水量；$W_{本月1日}$ 为闸坝或水库本月1日的蓄水量。

3.1.3.4　闸坝的渗漏损失（$W_{渗漏}$）计算

水库闸坝的渗漏损失只对闸坝水文站产生影响,下游站渗漏水量仍可回到计算断面上,所以可以不计。有实测资料的可按实测资料进行计算,没有实测资料的一般按水闸年蓄水量的1%计算。

3.1.3.5　河道分洪、决口水量（$W_{分洪}$）

可通过上下游站分洪和决口的流量、分洪区的水位资料、水位—容积曲线以及洪水调查资料等,通过水量平衡计算分析进行还原量计算。

3.1.4　河川径流还原计算

本次评价,新村以上及汲新淇区间的河川径流还原计算及相应降水量,1956~2000年的主要采用河南省第二次水资源调查评价的数据,2001~2016年的天然径流量数据主要是利用式(3-1)~式(3-3)来计算的,并对明显不合理的计算结果参考降水资料进行了调整;降水量数据主要采用水资源公报数据的计算成果。

经分析计算,新村水文站控制断面以上流域以及汲新淇区间流域天然径流量成果见表3-3。新村水文站多年平均天然径流量为2.935 9亿 m³,折合径流深138.6 mm,径流系数0.20;汲新淇区间流域多年平均天然径流量为1.442 8亿 m³,折合径流深114.6 mm,径流系数0.18。

从表3-3可以看出,有些年份降水量很大,但产生的地表径流量却不大,不完全呈正相关关系。降水量虽然是地表径流量的来源,降水量的增加或减少必然会引起地表径流量的变化,一般来说呈正相关关系,但由于降水量产生地表径流量的条件不仅仅与降水量的大小有关,而且与每场降雨的强度、降雨的区域下垫面条件有关,还与降水量的时空分布及人类活动有关,且有滞后的现象,影响因素非常复杂,所以降水量的变化与地表径流量的变化在有些年份不完全是同步的而且不完全呈正相关关系。新村以上流域降雨—径流关系曲线和汲新淇区间降雨—径流关系曲线图见图3-2、图3-3。

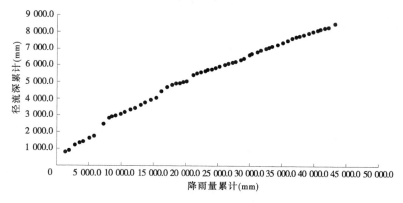

图3-2 新村以上流域降雨—径流关系曲线

表3-3　新村水文站以上流域及汲新淇区间计算单元天然径流量成果

年份	新村 天然径流量（万 m³）	新村 面雨量（mm）	汲新淇 天然径流量（万 m³）	汲新淇 面雨量（mm）
1956	164 850.0	1 396.6	38 850.0	1 025.8
1957	21 051.9	569.1	13 980.0	457.1
1958	68 010.0	983.9	10 290.0	818.7
1959	30 851.1	725.5	14 820.0	553.4
1960	11 379.1	507.9	15 050.0	490.8
1961	42 740.0	931.7	30 270.0	732.6
1962	29 153.6	764.9	23 210.0	625.2
1963	151 570.0	1 375.1	90 320.0	1 208.8
1964	76 780.0	935.7	35 610.0	812.5
1965	14 831.3	334.3	16 880.0	350.1
1966	12 802.9	589.1	5 450.0	431.9
1967	23 205.8	824.9	15 430.0	687.3
1968	21 116.1	613.5	12 770.0	440.9
1969	34 234.2	863.4	17 750.0	785.5
1970	22 755.8	662.8	21 860.0	644.7
1971	33 387.0	850.4	28 780.0	863.8

年份	新村 天然径流量（万 m³）	新村 面雨量（mm）	汲新淇 天然径流量（万 m³）	汲新淇 面雨量（mm）
1987	6 776.1	596.9	3 876.7	551.2
1988	18 452.9	633.6	3 836.5	605.8
1989	17 486.1	634.3	6 719.1	542.2
1990	25 012.1	795.1	10 030.3	693.1
1991	11 986.9	533.5	3 713.4	464.4
1992	11 236.7	515.7	5 562.9	545.4
1993	13 084.0	651.2	8 851.4	670.9
1994	22 954.8	802.8	11 117.4	732.7
1995	20 959.9	606.0	9 428.8	523.3
1996	46 175.1	841.9	16 960.9	628.5
1997	13 546.3	339.2	2 763.3	301.7
1998	22 448.6	821.6	16 244.4	804.8
1999	18 539.2	523.2	12 330.2	562.3
2000	19 625.8	770.0	22 690.0	909.4
2001	14 074.1	504.4	8 068.9	500.5
2002	12 036.3	511.3	2 744.8	421.5

续表 3-3

年份	新村 天然径流量（万 m³）	新村 面雨量（mm）	汲新淇 天然径流量（万 m³）	汲新淇 面雨量（mm）
1972	32 664.4	745.1	28 490.0	733.4
1973	36 933.9	867.6	14 270.0	596.1
1974	22 530.7	729.0	10 400.0	596.4
1975	89 010.0	987.8	15 850.0	692.5
1976	48 177.8	842.5	31 240.0	702.7
1977	32 979.5	761.9	34 830.0	737.3
1978	13 317.1	547.2	8 230.0	412.9
1979	7 780.1	582.5	6 450.0	505.8
1980	9 642.5	646.9	7 413.2	531.7
1981	9 046.5	485.9	3 190.3	399.6
1982	84 644.9	1 031.8	8 394.3	631.1
1983	17 498.3	610.0	7 709.3	577.2
1984	17 818.8	621.3	7 446.9	610.1
1985	19 061.9	679.6	5 415.8	547.2
1986	9 432.3	372.7	2 463.5	405.3

年份	新村 天然径流量（万 m³）	新村 面雨量（mm）	汲新淇 天然径流量（万 m³）	汲新淇 面雨量（mm）
2003	23 444.7	897.0	9 248.8	774.5
2004	29 735.8	735.9	5 633.0	668.1
2005	29 744.4	752.4	16 220.9	663.1
2006	21 291.1	633.3	14 345.4	511.9
2007	20 398.9	651.8	15 524.3	489.0
2008	16 122.7	546.6	16 262.7	651.3
2009	10 019.8	645.3	7 856.3	603.7
2010	22 804.5	729.3	13 157.9	721.5
2011	16 773.5	675.3	13 026.2	609.8
2012	18 024.0	654.4	10 819.5	467.6
2013	14 420.4	564.9	7 783.7	483.2
2014	11 637.0	548.0	6 101.5	526.2
2015	10 941.7	658.0	4 813.4	532.1
2016	41 864.0	1 024.0	11 269.7	800.5
平均	29 359.0	708.8	14 428.1	615.9

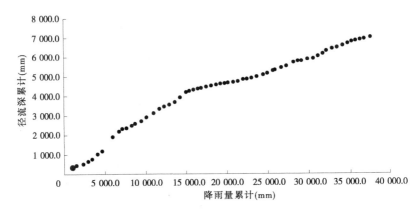

图 3-3　汲新淇区间降雨—径流关系曲线

3.2　地表水资源量的计算及时空变化分析

3.2.1　计算方法

本次评价各县(区)及流域分区水资源量的计算方法依据《河南省第三次全国水资源调查评价工作大纲》分为两种,一种是面积比缩放法,即

$$W_{分区} = \frac{W_{控}}{F_{控}} F_{分区} = R_{控} F_{分区} \qquad (3-4)$$

式中:$F_{分区}$、$F_{控}$分别为水资源量计算分区和天然径流量计算控制站的面积;$R_{控}$天然径流量计算控制站径流深。

一种是降水量加权面积比缩放法,即

$$W_{分区} = \frac{W_{控}}{F_{控}} \frac{P_{分区}}{P_{控}} F_{分区} = \alpha_{控} P_{分区} F_{分区} \qquad (3-5)$$

式中:$P_{分区}$、$P_{控}$分别为水资源量计算分区和天然径流量计算控制站的降水量;$\alpha_{控}$为天然径流量计算控制站的年径流系数。

鹤壁市各县(区)和流域分区分漳卫河山区和漳卫河平原区,本次评价对于山区和平原区水资源量的计算,分别采用新村水文站以上流域和汲新淇区间天然径流量来计算,属于两个控制站分区内或者虽然不在控制分区内,但地形地貌与控制分区相近但面积较小,采用面积比缩放法,否则采用降水量加权面积比缩放法,计算求得鹤壁市各水资源分区年径流量成果见表 3-4。

表 3-4　鹤壁市各水资源分区年径流量成果

年份	三级区	四级区	行政区	计算面积（km^2）	年径流量（万 m^3）	径流深（mm）
1956	漳卫河山区	漳卫河山区	鹤壁市	784	51 381	655.4
	漳卫河平原区	漳卫河平原区	鹤壁市	1 353	31 299	231.3
1957	漳卫河山区	漳卫河山区	鹤壁市	784	9 751	124.4
	漳卫河平原区	漳卫河平原区	鹤壁市	1 353	4 982	36.8
1958	漳卫河山区	漳卫河山区	鹤壁市	784	17 025	217.2
	漳卫河平原区	漳卫河平原区	鹤壁市	1 353	3 983	29.4
1959	漳卫河山区	漳卫河山区	鹤壁市	784	11 638	148.4
	漳卫河平原区	漳卫河平原区	鹤壁市	1 353	8 030	59.3
1960	漳卫河山区	漳卫河山区	鹤壁市	784	7 472	95.3
	漳卫河平原区	漳卫河平原区	鹤壁市	1 353	5 982	44.2
1961	漳卫河山区	漳卫河山区	鹤壁市	784	19 134	244.1
	漳卫河平原区	漳卫河平原区	鹤壁市	1 353	11 772	87.0
1962	漳卫河山区	漳卫河山区	鹤壁市	784	12 965	165.4
	漳卫河平原区	漳卫河平原区	鹤壁市	1 353	3 934	29.1

续表 3-4

年份	三级区	四级区	行政区	计算面积（km²）	年径流量（万 m³）	径流深（mm）
1963	漳卫河山区	漳卫河山区	鹤壁市	784	64 055	817.0
	漳卫河平原区	漳卫河平原区	鹤壁市	1 353	46 722	345.3
1964	漳卫河山区	漳卫河山区	鹤壁市	784	25 671	327.4
	漳卫河平原区	漳卫河平原区	鹤壁市	1 353	19 868	146.8
1965	漳卫河山区	漳卫河山区	鹤壁市	784	7 440	94.9
	漳卫河平原区	漳卫河平原区	鹤壁市	1 353	4 301	31.8
1966	漳卫河山区	漳卫河山区	鹤壁市	784	4 354	55.5
	漳卫河平原区	漳卫河平原区	鹤壁市	1 353	1 936	14.3
1967	漳卫河山区	漳卫河山区	鹤壁市	784	10 135	129.3
	漳卫河平原区	漳卫河平原区	鹤壁市	1 353	4 932	36.5
1968	漳卫河山区	漳卫河山区	鹤壁市	784	8 237	105.1
	漳卫河平原区	漳卫河平原区	鹤壁市	1 353	4 701	34.7
1969	漳卫河山区	漳卫河山区	鹤壁市	784	13 499	172.2
	漳卫河平原区	漳卫河平原区	鹤壁市	1 353	4 974	36.8
1970	漳卫河山区	漳卫河山区	鹤壁市	784	9 618	122.7
	漳卫河平原区	漳卫河平原区	鹤壁市	1 353	5 306	39.2
1971	漳卫河山区	漳卫河山区	鹤壁市	784	15 829	201.9
	漳卫河平原区	漳卫河平原区	鹤壁市	1 353	5 904	43.6

续表 3-4

年份	三级区	四级区	行政区	计算面积 （km²）	年径流量 （万 m³）	径流深 （mm）
1972	漳卫河山区	漳卫河山区	鹤壁市	784	16 311	208.0
	漳卫河平原区	漳卫河平原区	鹤壁市	1 353	9 915	73.3
1973	漳卫河山区	漳卫河山区	鹤壁市	784	12 866	164.1
	漳卫河平原区	漳卫河平原区	鹤壁市	1 353	7 373	54.5
1974	漳卫河山区	漳卫河山区	鹤壁市	784	7 422	94.7
	漳卫河平原区	漳卫河平原区	鹤壁市	1 353	4 492	33.2
1975	漳卫河山区	漳卫河山区	鹤壁市	784	24 839	316.8
	漳卫河平原区	漳卫河平原区	鹤壁市	1 353	6 718	49.6
1976	漳卫河山区	漳卫河山区	鹤壁市	784	19 823	252.8
	漳卫河平原区	漳卫河平原区	鹤壁市	1 353	11 377	84.1
1977	漳卫河山区	漳卫河山区	鹤壁市	784	16 424	209.5
	漳卫河平原区	漳卫河平原区	鹤壁市	1 353	16 539	122.2
1978	漳卫河山区	漳卫河山区	鹤壁市	784	4 679	59.7
	漳卫河平原区	漳卫河平原区	鹤壁市	1 353	2 172	16.1
1979	漳卫河山区	漳卫河山区	鹤壁市	784	3 465	44.2
	漳卫河平原区	漳卫河平原区	鹤壁市	1 353	3 090	22.8
1980	漳卫河山区	漳卫河山区	鹤壁市	784	4 049	51.7
	漳卫河平原区	漳卫河平原区	鹤壁市	1 353	3 000	22.2

续表 3-4

年份	三级区	四级区	行政区	计算面积（km²）	年径流量（万 m³）	径流深（mm）
1981	漳卫河山区	漳卫河山区	鹤壁市	784	2 946	37.6
	漳卫河平原区	漳卫河平原区	鹤壁市	1 353	1 516	11.2
1982	漳卫河山区	漳卫河山区	鹤壁市	784	23 639	301.5
	漳卫河平原区	漳卫河平原区	鹤壁市	1 353	4 719	34.9
1983	漳卫河山区	漳卫河山区	鹤壁市	784	5 905	75.3
	漳卫河平原区	漳卫河平原区	鹤壁市	1 353	3 325	24.6
1984	漳卫河山区	漳卫河山区	鹤壁市	784	6 207	79.2
	漳卫河平原区	漳卫河平原区	鹤壁市	1 353	6 226	46.0
1985	漳卫河山区	漳卫河山区	鹤壁市	784	6 025	76.8
	漳卫河平原区	漳卫河平原区	鹤壁市	1 353	3 855	28.5
1986	漳卫河山区	漳卫河山区	鹤壁市	784	2 946	37.6
	漳卫河平原区	漳卫河平原区	鹤壁市	1 353	1 597	11.8
1987	漳卫河山区	漳卫河山区	鹤壁市	784	2 686	34.3
	漳卫河平原区	漳卫河平原区	鹤壁市	1 353	2 319	17.1
1988	漳卫河山区	漳卫河山区	鹤壁市	784	5 225	66.7
	漳卫河平原区	漳卫河平原区	鹤壁市	1 353	4 525	33.4
1989	漳卫河山区	漳卫河山区	鹤壁市	784	6 405	81.7
	漳卫河平原区	漳卫河平原区	鹤壁市	1 353	4 600	34.0

续表 3-4

年份	三级区	四级区	行政区	计算面积（km²）	年径流量（万 m³）	径流深（mm）
1990	漳卫河山区	漳卫河山区	鹤壁市	784	8 212	104.7
	漳卫河平原区	漳卫河平原区	鹤壁市	1 353	6 759	50.0
1991	漳卫河山区	漳卫河山区	鹤壁市	784	3 858	49.2
	漳卫河平原区	漳卫河平原区	鹤壁市	1 353	3 465	25.6
1992	漳卫河山区	漳卫河山区	鹤壁市	784	3 940	50.3
	漳卫河平原区	漳卫河平原区	鹤壁市	1 353	2 704	20.0
1993	漳卫河山区	漳卫河山区	鹤壁市	784	5 198	66.3
	漳卫河平原区	漳卫河平原区	鹤壁市	1 353	7 725	57.1
1994	漳卫河山区	漳卫河山区	鹤壁市	784	8 085	103.1
	漳卫河平原区	漳卫河平原区	鹤壁市	1 353	9 861	72.9
1995	漳卫河山区	漳卫河山区	鹤壁市	784	8 360	106.6
	漳卫河平原区	漳卫河平原区	鹤壁市	1 353	3 887	28.7
1996	漳卫河山区	漳卫河山区	鹤壁市	784	14 394	183.6
	漳卫河平原区	漳卫河平原区	鹤壁市	1 353	5 159	38.1
1997	漳卫河山区	漳卫河山区	鹤壁市	784	3 933	50.2
	漳卫河平原区	漳卫河平原区	鹤壁市	1 353	927	6.9
1998	漳卫河山区	漳卫河山区	鹤壁市	784	9 591	122.3
	漳卫河平原区	漳卫河平原区	鹤壁市	1 353	7 400	54.7

续表 3-4

年份	三级区	四级区	行政区	计算面积（km²）	年径流量（万 m³）	径流深（mm）
1999	漳卫河山区	漳卫河山区	鹤壁市	784	7 915	101.0
	漳卫河平原区	漳卫河平原区	鹤壁市	1 353	4 034	29.8
2000	漳卫河山区	漳卫河山区	鹤壁市	784	11 663	148.8
	漳卫河平原区	漳卫河平原区	鹤壁市	1 353	14 395	106.4
2001	漳卫河山区	漳卫河山区	鹤壁市	784	5 585	71.2
	漳卫河平原区	漳卫河平原区	鹤壁市	1 353	4 828	35.7
2002	漳卫河山区	漳卫河山区	鹤壁市	784	3 831	48.9
	漳卫河平原区	漳卫河平原区	鹤壁市	1 353	1 925	14.2
2003	漳卫河山区	漳卫河山区	鹤壁市	784	7 207	91.9
	漳卫河平原区	漳卫河平原区	鹤壁市	1 353	5 804	42.9
2004	漳卫河山区	漳卫河山区	鹤壁市	784	7 144	91.1
	漳卫河平原区	漳卫河平原区	鹤壁市	1 353	4 505	33.3
2005	漳卫河山区	漳卫河山区	鹤壁市	784	10 670	136.1
	漳卫河平原区	漳卫河平原区	鹤壁市	1 353	8 027	59.3
2006	漳卫河山区	漳卫河山区	鹤壁市	784	9 318	118.9
	漳卫河平原区	漳卫河平原区	鹤壁市	1 353	6 922	51.2
2007	漳卫河山区	漳卫河山区	鹤壁市	784	10 144	129.4
	漳卫河平原区	漳卫河平原区	鹤壁市	1 353	6 343	46.9

续表 3-4

年份	三级区	四级区	行政区	计算面积（km²）	年径流量（万 m³）	径流深（mm）
2008	漳卫河山区	漳卫河山区	鹤壁市	784	9 158	116.8
	漳卫河平原区	漳卫河平原区	鹤壁市	1 353	7 356	54.4
2009	漳卫河山区	漳卫河山区	鹤壁市	784	4 237	54.0
	漳卫河平原区	漳卫河平原区	鹤壁市	1 353	5 549	41.0
2010	漳卫河山区	漳卫河山区	鹤壁市	784	9 050	115.4
	漳卫河平原区	漳卫河平原区	鹤壁市	1 353	7 511	55.5
2011	漳卫河山区	漳卫河山区	鹤壁市	784	7 332	93.5
	漳卫河平原区	漳卫河平原区	鹤壁市	1 353	4 648	34.4
2012	漳卫河山区	漳卫河山区	鹤壁市	784	7 344	93.7
	漳卫河平原区	漳卫河平原区	鹤壁市	1 353	4 931	36.4
2013	漳卫河山区	漳卫河山区	鹤壁市	784	5 349	68.2
	漳卫河平原区	漳卫河平原区	鹤壁市	1 353	4 883	36.1
2014	漳卫河山区	漳卫河山区	鹤壁市	784	4 087	52.1
	漳卫河平原区	漳卫河平原区	鹤壁市	1 353	3 917	29.0
2015	漳卫河山区	漳卫河山区	鹤壁市	784	3 617	46.1
	漳卫河平原区	漳卫河平原区	鹤壁市	1 353	2 658	19.6
2016	漳卫河山区	漳卫河山区	鹤壁市	784	13 561	173.0
	漳卫河平原区	漳卫河平原区	鹤壁市	1 353	6 253	46.2

全市漳卫河山区和漳卫河平原区的计算方法分别为各县(区)山区和平原区水资源量之和,采取单独计算全市各分区山丘区与平原区径流量的方法,计算采用水资源分区面积,结合各分区降雨量情况同量比进行。

3.2.2　计算成果

根据以上的计算方法,鹤壁市各县(区)及流域分区地表水资源量见表3-5。

表 3-5　鹤壁市各县(区)及流域分区地表水资源量　(单位:万 m³)

行政分区及流域分区		平均地表水资源量		
		1956~2016 年	1956~2000 年	1980~2016 年
鹤山区	漳卫河山区	1 853.5	2 081.0	1 254.6
山城区	漳卫河山区	1 820.6	2 045.8	1 210.1
淇滨区	漳卫河山区	2 661.2	2 986.9	1 766.9
	漳卫河平原区	493.0	532.0	351.0
	小计	3 154.2	3 518.9	2 117.9
浚县		5 136.2	5 530.9	3 817.4
淇县	漳卫河山区	4 531.0	5 002.1	3 033.9
	漳卫河平原区	1 229.1	1 321.5	9 14.2
	小计	5 760.1	6 323.5	3 948.1
全市	漳卫河山区	10 866.3	12 115.9	7 265.5
	漳卫河平原区	6 858.3	7 384.4	5 082.6
	合计	17 724.6	19 500.3	12 348.1

从表 3-5 中可以看出,鹤壁市地表水资源量 1956~2016 年、1956~2000 年、1980~2016 年三个系列的均值依次为 17 724.6 万 m³、19 500.3 万 m³、12 348.1 万 m³,地表水资源量总体上呈下降趋势,这与降水量的变化趋势基本一致。

1980~2016 年系列均值为 12 348.1 万 m³,反映了近期地表水资源状况。

鹤壁境内漳卫河山区面积虽然仅有漳卫河平原区总面积 58%,但从表 3-5 可以看出,山区地表水资源量却是平原区的 1.58 倍,主要原因是漳卫河平原区地势平缓,地表土壤主要由沙土、亚沙土组成,渗透系数较大,且该区域地下水总体处于下降趋势,埋深增大,产流形式主要为超渗产流,造成降水产生的地表径流量通常较小。因此,鹤壁市漳卫河山区是鹤壁市地表水资源量的主要来源区。

利用所计算的各行政区和流域分区地表水资源量系列(1956~2016 年),通过频率计算给出鹤壁市各县(区)和流域分区不同频率的地表水资源量,见表 3-6。

表 3-6　鹤壁市各县(区)和流域分区不同频率的地表水资源量

行政分区及流域分区		1956~2016 年 (万 m³)	C_v	C_s/C_v	不同频率地表水资源量(万 m³)			
					20%	50%	75%	95%
鹤山区	漳卫河山区	1 853.5	0.84	3.0	2 663.3	1 293.4	810.6	622.3
山城区	漳卫河山区	1 820.6	0.84	3.3	2 524.8	1 239.6	842.2	735.3
淇滨区	漳卫河山区	2 661.2	0.81	3.5	3 652.6	1 842.4	1 281.8	1 130.9
	漳卫河平原区	493.0	1.36	3.0	633.7	247.6	168.1	166.0
	全区	3 154.2	0.88	3.5	4 264.5	2 043.9	1 488.8	1 366.6
浚县		5 136.2	1.36	3.0	6 603.2	2 271.9	1 755.2	1 727.1

表 3-6 鹤壁市各县(区)和流域分区不同频率的地表水资源量

行政分区及流域分区		1956~2016 年(万 m³)	C_v	C_s/C_v	不同频率地表水资源量(万 m³)			
					20%	50%	75%	95%
淇县	漳卫河山区	4 531.0	0.80	3.5	6 198.3	3 153.6	2 211.0	1 957.2
	漳卫河平原区	1 229.1	1.40	3.0	1 556.1	523.9	414.9	410.4
	全县	5 760.1	0.87	3.5	7 864.7	3 805.6	2 653.3	2 427.3
鹤壁市	漳卫河山区	10 866.4	0.81	3.5	14 915.9	7 522.0	5 233.3	4 617.2
	漳卫河平原区	6 858.3	1.37	3.0	8 831.0	3 005.3	2 310.4	2 272.8
	全市	17 724.7	0.94	3.5	23 723.4	11 061	8 061.4	7 628.2

从表 3-6 可以看出,鹤壁市地表水资源量离差系数 C_v 值为 0.80~1.37,其中漳卫河平原区是漳卫河山区的 1.69 倍,说明地表水资源量年数据系列,各年总量与均值相比漳卫河平原区比漳卫河山区变化大。

3.2.3 不同系列多年平均水资源量年内分配分析

鹤壁市不同系列多年平均水资源量年内分配分析成果见表 3-7、表 3-8。

表 3-7 鹤壁市山丘区不同系列水资源量各季节分布比例 (%)

系列	春季	夏季	秋季	冬季	连续最大4 个月
	(3~5 月)	(6~8 月)	(9~11 月)	(12 月至次年 2 月)	(7~10 月)
1956~2016 年	14.12	44.26	27.73	13.89	59.25
1956~2000 年	13.03	48.31	26.59	12.07	62.48
1980~2016 年	15.65	38.62	29.30	16.43	54.77

表 3-8　鹤壁市平原区不同系列水资源量各季节分布比例　　（％）

系列	春季	夏季	秋季	冬季	连续最大4个月
	（3～5月）	（6～8月）	（9～11月）	（12月至次年2月）	（7～10月）
1956～2016 年	6.74	47.8	34.8	10.66	73.17
1956～2000 年	3.89	50.04	38	8.07	80.5
1980～2016 年	11.75	43.77	29.18	15.3	60.14

　　从表 3-7 和表 3-8 中可以看出,鹤壁市东部平原区和西部山丘区不同系列水资源量的年内分布规律基本相同,夏、秋季占全年比例最大,冬、春季占全年比例相对较小,连续最大 4 个月天然径流量月份都相同,均为 7～10 月。地表水资源量与降水量基本呈正相关关系,但与降水量在时段上比较有滞后现象,见图 3-4、图 3-5。

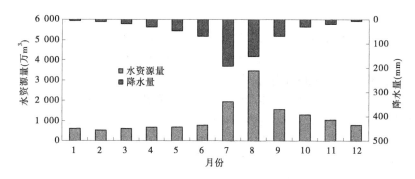

图 3-4　鹤壁市山丘区 1956～2016 年地表水
资源量各月平均降水量与水资源量对照图

　　随着人口的增加及人类活动的加剧,自然环境和不同年代降雨径流关系都发生了显著变化,人类活动对水资源的影响是多方面的,最受人们关注的有以下几个方面:

　　（1）兴建水利工程对径流的影响。

　　流域内兴建水库、池塘不仅改变了径流形态,而且也可能减少水资

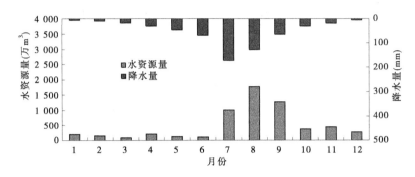

图 3-5　鹤壁市平原区 1956~2016 年地表水
资源量各月平均降水量与水资源量对照图

源量。①水利工程拦截了工程以上集水区域的地表径流,使下游实测
径流量减少;②水利工程蓄水使流域水面面积加大,导致流域水面蒸发
量增加;③水利工程蓄水后,加大了流域的地下水入渗给水量。

（2）引水、用水对河川径流的影响。

①农业用水的影响。在灌溉的陆面上由于供水较充分,作物和土
壤蒸散发量增加,灌溉用水不仅有一部分下渗补给地下水,同时灌溉用
水使灌溉区域内土壤湿度增加,非饱和带土壤含水量加大造成较其他
区域更有利于产流的土壤水外分条件。

②工业和生活用水的影响。工业和生活用水对地表径流的影响主
要体现在输水过程中,管线渗漏补给包气带或含水层地下水,加大了土
壤的含水量,从而造成局部区域更有利的产流条件。但是,流域上游工
业和生活用水量增加将使下游的径流量减少。

③抽取地下水对径流的影响。大量抽取地下水引起地下水位消
落,有的区域形成大范围的漏斗,使土壤非饱和带大幅度增加,土壤蓄
水容量随之增大,改变了流域的产流形态。当发生长历时大暴雨时候,
部分雨量渗入土壤,补充了土壤缺水量,同时减少了地表径流量。

④城市化对径流的影响。城市化过程中,通过平整土地、清除树
木、建造房屋、修建道路等,使不透水面积增加,加快了雨水沿地表的汇
流速度,使洪峰增大,进而减少雨水下渗,使地表水增加。从表 3-4 中
可以看出,浚县及淇滨、淇县平原区,地表水资源量 2001~2016 年年均

值比 1980～2016 年年均值略有增加,是城市化面积增大对其影响所致。

⑤植被影响。植被对地表径流具有明显的拦蓄、涵养地下水水源的功能,最近十几年丘陵宜林区域实施退耕还林政策,大规模地植树造林,使西部山区林业面积大大增加,植被状况明显改善,也是地表径流量减少的重要原因之一。

3.3　出入境水量与跨流域调水

选取市界附近的水文站,根据实测径流资料分析入市境水量、出市境水量、流入市界河水量。

某一河流的出、入市境水量具体计算方法如下:

对于选取的某一市界河流附近的水文站,以其断面以上集水面积和河流出、入市境面积为依据(在计算出、入界河水量时应加上未控区间的水量)、采用面积比拟法缩放水文站的实测水量,从而求得河流的出、入市境水量。当控制站集水面积与河流的出、入市境面积比较接近(小于或大于 10%),或降水、流域下垫面条件基本一致时,采用面积比直接缩放,计算公式为

$$W_{出、入} = W_{水文站实测} \times \frac{F_{出、入境面积}}{F_{水文站集水面积}}$$

如果选用水文站的集水面积与河流的出、入市境面积差别较大(大于 10%),或区域降水量变化梯度较大,则采用以降水量为参数的面积比缩放。计算公式为

$$W_{出、入} = W_{水文站实测} \times \frac{F_{出、入境面积} \times \overline{P}_{出、入境平均}}{F_{水文站集水面积} \overline{P}_{水文站以上平均}}$$

对于没有水文站的市界河流或区域,采用水文比拟法,可借用下垫面和气候条件相似地区的水文站(或代表站)的降雨—径流关系或天然径流量扣除区域消耗拦蓄等水量后,作为计算的出、入境水量。

本次评价,流域水系或水资源三级区是计算全市出入境水量的计

算单元。全市出、入境水量由各河流或三级区出入境水量累加而成。即

$$W = \sum W_{出、入}$$

3.3.1 入境水量

入境水量主要是指流经鹤壁市的河流在鹤壁市入口处所显示的径流量。流经鹤壁市的河流主要有卫河、淇河和共产主义渠。

3.3.1.1 卫河与共产主义渠来水

卫河及共产主义渠分别于浚县新镇镇刘庄和淇门流入鹤壁市。根据淇门水文站实测径流量资料统计计算,1956~2016年年均值为103 040万 m^3,1956~2000年年均值为111 981万 m^3,1980~2016年年均值为61 124万 m^3。

共产主义渠是1957年12月至1960年7月开挖的人工河道,经新乡市流入鹤壁市,市境内全长约45 km,主要功能为排涝行洪。位于浚县新镇镇刘庄村的刘庄水文站是共产主义渠来水的重要实测站点。根据1964~2016年刘庄水文站实测年径流量分析计算,1964~2016年年均值为14 092万 m^3,1964~2000年年均值为18 161万 m^3,1980~2016年年均值为9 888万 m^3。

从刘庄水文站实测径流资料还发现,1991~2016年,共产主义渠年平均干涸天数为282 d;2007年盘石头水库下闸蓄水,2007~2016(10年)平均干涸天数为328.5 d。共产主义渠有水月数年均为2.5个月,大多集中在7、8两个月。

3.3.1.2 淇河来水(盘石头水库以上)

淇河发源于山西省陵川县棋子山,经林州市流入鹤壁市淇滨区大河涧乡弓家庄盘石头水库。

盘石头水库是淇河流入鹤壁市的入境之地,水质优良,是鹤壁市鹤山区、山城区及宝山循环产业聚集区重要的水源地,也是鹤壁市境内淇河沿线工农业及生活、生态用水的来源地。

盘石头水库水文站于2013年开始进行水文观测,建站历史较短,资料系列较短,只有2年,因此本次评价主要是用新村水文站资料推算

而得。其中,盘石头水库 1956~2003 年入境数据来源于《鹤壁煤电水资源论证报告》(河南省水文水资源局,2003)。2004~2014 年盘石头来水量的计算方法采用了《鹤壁煤电水资源论证报告》中的计算方法,即用新村水文站年实测径流量加上区间年引入、引出水量计算的结果乘以盘石头水库控制面积的权重(占新村水文站的控制面积),再扣除许家沟泉水后计算而得。

新村水文站到盘石头水库距离 31 km,区间面积约为 203 km²,主要支流有朱小河及一些山沟。支流与两岸山沟平时没有水,只有遇到较大降雨,才能产生径流。另外该区间还有一些水利工程和泉水涌出。

引出水量主要有工农渠、民主渠、寒波洞自来水公司、沿河提灌站及引淇入琵引水量,入水量主要是许家沟泉水入水量,根据资料分析,1956~2016 年共计 61 年间,盘石头水库上游来水量多年平均值为 2.937 亿 m³。

3.3.1.3　跨流域调水

跨流域调水是指通过大规模的人工方法从余水的流域向缺水流域大量调水,以解决缺水区域的经济社会用水问题。鹤壁市目前主要有南水北调工程。

根据南水北调办水量指标分配,分配给鹤壁市用水指标为 1.64 亿 m³/年,通过南水北调总干渠 34 号、35 号、36 号闸门输送到各水厂。各县(区)年均分配用水指标分别为淇县 4 600 万 m³、浚县 3 360 万 m³、淇滨区 6 940 万 m³、开发区 1 500 万 m³。

34 号分水口门位于鹤壁市淇县卫都街道办事处原庄村北,总干渠右岸,供水目标为淇县县城。该分水口门年均分配水量 4 600 万 m³,设计流量为 2 m³/s(铁西水厂水量 3 220 万 m³,流量 1.4 m³/s;淇县水厂水量 1 380 万 m³,流量 0.6 m³/s)。

35 号分水口门位于淇县高村镇新乡屯村西北,总干渠右岸,供水目标为鹤壁市淇县鹤淇产业集聚区、浚县和安阳市滑县、濮阳市,年均分配水量 23 990 万 m³,其中分配给鹤壁市 7 010 万 m³,供水目标为鹤壁市规划四水厂及浚县水厂(鹤壁市规划四水厂 3 650 万 m³,1.5 m³/s;浚县水厂 3 360 万 m³,1.5 m³/s)。

36 号分水口门位于鹤壁市淇滨区金山街道办事处刘庄村东,总干渠右岸,供水目标为鹤壁市第三水厂及金山水厂。该分水口门年均分配流量 4 790 万 m³,设计流量 2.5 m³/s(其中第三水厂 3 290 万 m³,1.5 m³/s;金山水厂 1 500 万 m³,1.0 m³/s)。

3.3.2　出境水量

鹤壁市出境河流主要有卫河、汤河、金线河、羑河等,跨流域调水出境工程主要有引淇入琵工程,由于受水文资料限制,本次只评价卫河出境水量和引淇入琵水量。

五陵水文站位于安阳市汤阴县五陵镇五陵村,与浚县王庄镇北苏村隔河相望,是鹤壁市卫河段的出口水文站,从 1965 年起有比较系统完整的实测流量资料。

根据五陵站实测流量资料分析计算结果,1965~2016 年年均实测径流量为 81 360 万 m³,1965~2000 年年均值为 93 113 万 m³,1980~2016 年年均值为 63 184 万 m³。

五陵水文站出口实测水量大小与上游入口淇门及刘庄来水量有很大的关系,区间沿河提灌及浚县、滑县两县污水排放对其也有一定的影响。

琵琶寺水库是汤河支流永通河上一座中型水库,设计库容 1 020 万 m³,其水库部分水量由淇河引入,引水地点位于淇滨区上峪乡安乐洞村,1980~2000 年年均引水量为 811.8 万 m³,2007~2016 年年均值为 811.0 万 m³。

第 4 章　地下水资源量

　　浅层地下水资源是指赋存于地面以下饱水带岩土空隙中参与水循环的和大气降水及当地地表水关系密切并可以逐年更新的动态重力水。本次评价对近期(2001～2016 年)下垫面条件下多年平均浅层地下水资源量及其分布特征进行全面评价。

4.1　基本资料情况

　　本次地下水资源调查评价,是在收集大量资料基础上,对近期下垫面条件下多年平均浅层地下水资源量进行的评价,收集的资料包括:

　　(1)水文地质资料:1:20 万《鹤壁幅区域水文地质普查报告》。

　　(2)水文气象资料:1956～2016 年全市水文系统及部分气象系统降水、蒸发与径流资料。

　　(3)地下水位动态监测资料:全市 2001～2016 年地下水监测井水位与埋深系列观测资料。

　　(4)地下水实际开采量资料及引水灌溉资料,包括 2001～2016 年各市(县)地下水开采量、地表水灌溉水量资料。

　　(5)本次实际野外调查资料,包括实地测量的水位埋深和抽水试验成果数据,以及其他前人研究、工作报告等有关资料。

4.2　水文地质参数

　　水文地质参数是浅层地下水各项补给量、排泄量以及地下水蓄变量计算的重要依据,其值准确与否直接影响评价成果的可靠性。为确保计算参数的准确,采用多种方法进行综合分析,选取符合当地近期下垫面条件下的参数值。本次浅层地下水资源计算中利用的水文地质参数是根据实际调查水位动态资料、抽水试验成果,参考经验值和与本区条件相似地区报告中的试验和计算数据确定的。

4.2.1　给水度 μ 值

给水度 μ 是指饱和岩土在重力作用下自由排出水的体积($V_水$)与该饱和岩土体积(V)的比值,它是浅层地下水资源评价中重要的参数。给水度大小主要与岩性、结构等因素有关。

目前,关于给水度 μ 值的试验研究还不够充分,各种 μ 值的计算方法还存在一些问题,也影响了给水度 μ 值的精度,因此对于 μ 值的确定,宜采用多种方法来综合分析,以便相互对比验证。在分析 μ 值时,主要选取符合近期下垫面条件下的资料,并结合相邻地区的 μ 值进行综合分析对比,再确定其合理的取用值。

本次对于 μ 值的确定,本书采用了动态资料分析、抽水试验等多种方法来综合分析计算,以便相互对比验证,并充分利用已有的参数分析成果和结合相邻地区的 μ 值进行综合分析对比,同时参照以往给水度试验资料和其他部门的成果,协调确定其合理的取用值,见表4-1。

表 4-1　给水度 μ 取值

岩性	μ 值
粉细砂	0.060
亚砂土	0.045
亚砂土 + 亚黏土	0.040
亚黏土	0.035

4.2.2　降水入渗补给系数 α 值

降水入渗补给系数 α 是指降水入渗补给量 P_r 与相应降水量 P 的比值,它主要受包气带岩性、地下水埋深、降水量大小和强度、土壤前期含水量、微地形地貌、植被及地表建筑设施等因素的影响。一般 α 值主要采用近期地下水位动态资料计算确定,不同岩性的降水入渗补给系数 α 值经验值见表 4-2。

本次采用的 α 值计算成果是参考表 4-2 经验值及 1∶20 万《鹤壁幅区域水文地质普查报告》采用数值而确定。

4.2.3　潜水蒸发系数 C 值

潜水蒸发系数 C 是指计算时段内潜水蒸发量 E 与相应时段的水面蒸发量 E_0 的比值。潜水蒸发量主要受水面蒸发量、包气带岩性、地下水埋深、植被状况等的影响。分别利用地下水位动态资料,通过潜水蒸发经验公式,分析计算不同岩性、有无作物的情况下的 C 值。经验公式为

$$C = E/E_0$$
$$E = kE_0(1 - Z/Z_0)^n$$

式中:Z 为潜水埋深,m;Z_0 为极限埋深,m;n 为经验指数,一般取 $1.0 \sim 3.0$;k 为修正系数,无作物 k 取 $0.9 \sim 1.0$,有作物 k 取 $1.0 \sim 1.3$;E、E_0 分别为潜水蒸发量和水面蒸发量,mm。

包气带不同岩性潜水蒸发系数 C 值见表 4-3。

4.2.4　灌溉入渗补给系数 β 值

灌溉入渗补给系数 β 是指田间灌溉入渗补给量 h_r 与进入田间的灌水量 $h_{灌}$(渠灌时,$h_{灌}$ 为进入斗渠的水量;井灌时,$h_{灌}$ 为实际开采量)的比值。参考历次试验、研究资料分析平原区灌溉入渗补给系数 β 值,见表 4-4。

表4-2 平原区降水入渗补给系数 α 经验值

岩性	降水量（mm）	不同埋深降水入渗系数 α 值						
		0～1 m	1～2 m	2～3 m	3～4 m	4～5 m	5～6 m	＞6 m
亚黏土	300～400	0～0.07	0.06～0.15	0.13～0.16	0.12～0.15	0.10～0.12	0.08～0.10	0.07～0.08
	400～500	0～0.09	0.08～0.15	0.14～0.16	0.13～0.16	0.11～0.13	0.09～0.12	0.08～0.10
	500～600	0～0.10	0.09～0.16	0.15～0.17	0.14～0.17	0.13～0.15	0.10～0.14	0.09～0.11
	600～700	0～0.12	0.11～0.18	0.17～0.20	0.17～0.20	0.15～0.18	0.12～0.16	0.10～0.12
	700～800	0～0.14	0.13～0.20	0.19～0.23	0.19～0.23	0.17～0.20	0.14～0.17	0.11～0.13
	800～900	0～0.15	0.14～0.21	0.20～0.25	0.21～0.25	0.18～0.22	0.15～0.18	0.13～0.14
	900～1 100	0～0.14	0.12～0.19	0.17～0.22	0.17～0.22	0.13～0.18	0.10～0.41	0.10～0.14
	1 100～1 300	0～0.13	0.11～0.18	0.16～0.20	0.16～0.20	0.12～0.16	0.09～0.13	0.09～0.13

续表 4-2

不同埋深降水入渗系数 α 值

岩性	降水量（mm）	0~1 m	1~2 m	2~3 m	3~4 m	4~5 m	5~6 m	>6 m
亚砂土、亚黏土互层	300~400	0~0.09	0.09~0.15	0.15~0.17	0.12~0.17	0.10~0.13	0.08~0.11	0.07~0.09
	400~500	0~0.10	0.10~0.16	0.16~0.19	0.19~0.14	0.13~0.16	0.10~0.14	0.08~0.10
	500~600	0~0.12	0.11~0.18	0.17~0.21	0.16~0.21	0.15~0.18	0.12~0.16	0.09~0.12
	600~700	0~0.15	0.13~0.21	0.20~0.23	0.18~0.23	0.16~0.20	0.14~0.17	0.10~0.14
	700~800	0~0.16	0.14~0.23	0.22~0.25	0.21~0.25	0.17~0.22	0.15~0.18	0.12~0.15
	800~900	0~0.17	0.15~0.24	0.23~0.26	0.23~0.26	0.18~0.23	0.16~0.19	0.13~0.16
	1 000~1 500							

续表 4-2

不同埋深降水入渗系数 α 值

岩性	降水量（mm）	0~1 m	1~2 m	2~3 m	3~4 m	4~5 m	5~6 m	>6 m
亚砂土	300~400	0~0.10	0.09~0.17	0.17~0.19	0.16~0.19	0.13~0.16	0.12~0.13	0.08~0.12
	400~500	0~0.12	0.10~0.19	0.18~0.21	0.17~0.21	0.14~0.17	0.12~0.15	0.09~0.13
	500~600	0~0.14	0.12~0.21	0.20~0.23	0.19~0.23	0.16~0.20	0.14~0.17	0.12~0.15
	600~700	0~0.16	0.15~0.22	0.21~0.25	0.22~0.25	0.19~0.23	0.16~0.19	0.14~0.17
	700~800	0~0.17	0.16~0.23	0.23~0.27	0.24~0.27	0.21~0.25	0.18~0.21	0.15~0.19
	800~900	0~0.17	0.15~0.25	0.24~0.28	0.26~0.28	0.23~0.27	0.19~0.23	0.16~0.20
	900~1 100	0~0.16	0.16~0.22	0.21~0.24	0.18~0.24	0.16~0.21	0.15~0.20	0.15~0.20
	1 100~1 300	0~0.15	0.14~0.20	0.16~0.23	0.16~0.22	0.14~0.20	0.14~0.19	0.14~0.19
粉细砂	300~400	0~0.14	0.13~0.21	0.20~0.25	0.23~0.25	0.20~0.24	0.16~0.20	0.14~0.17
	400~500	0~0.15	0.14~0.24	0.23~0.27	0.24~0.27	0.21~0.25	0.18~0.22	0.15~0.19
	500~600	0~0.18	0.17~0.25	0.24~0.28	0.25~0.28	0.22~0.26	0.19~0.23	0.16~0.20
	600~700	0~0.18	0.18~0.27	0.26~0.32	0.26~0.32	0.23~0.27	0.20~0.24	0.17~0.21
	700~800	0~0.18	0.17~0.27	0.26~0.32	0.26~0.32	0.23~0.27	0.20~0.24	0.16~0.21
	800~900	0~0.17	0.16~0.27	0.26~0.31	0.26~0.31	0.23~0.27	0.20~0.24	0.16~0.21
	1 000~1 500							

表4-3 潜水蒸发系数 C 取值

岩性	有无作物	不同埋深的 C 值							
		0.5 m	1.0 m	1.5 m	2.0 m	2.5 m	3.0 m	3.5 m	4.0 m
黏性土	无	0.10 ~ 0.35	0.05 ~ 0.20	0.02 ~ 0.09	0.01 ~ 0.05	0.01 ~ 0.03	0.01 ~ 0.02	0.01 ~ 0.015	0.01
	有	0.35 ~ 0.65	0.20 ~ 0.35	0.09 ~ 0.18	0.05 ~ 0.11	0.03 ~ 0.05	0.02 ~ 0.04	0.015 ~ 0.03	0.01 ~ 0.03
砂性土	无	0.40 ~ 0.50	0.20 ~ 0.40	0.10 ~ 0.20	0.03 ~ 0.15	0.03 ~ 0.10	0.02 ~ 0.05	0.01 ~ 0.03	0.01 ~ 0.03
	有	0.50 ~ 0.70	0.40 ~ 0.55	0.20 ~ 0.40	0.15 ~ 0.30	0.10 ~ 0.20	0.05 ~ 0.10	0.03 ~ 0.07	0.01 ~ 0.03

表4-4 田间灌溉入渗补给系数 β 值取值

灌区类型	岩性	灌溉定额 [m³/(亩·次)]	不同地下水埋深的 β 值				
			1 ~ 2 m	2 ~ 3 m	3 ~ 4 m	4 ~ 6 m	> 6 m
井灌	黏性土	40 ~ 50	0.2	0.18	0.15	0.13	0.1
	砂性土	40 ~ 50	0.22	0.2	0.18	0.15	0.13
渠灌	黏性土	50 ~ 70	0.22	0.2	0.18	0.15	0.12
	砂性土	50 ~ 70	0.27	0.25	0.23	0.2	0.17

注:表中黏性土是指田间土壤以亚黏土为主,砂性土是指田间土壤以亚砂土为主。

4.2.5 渠系渗漏补给系数 m 值

渠系渗漏补给系数 m 是指渠系渗漏补给量 $Q_{渠系}$ 与渠首引水量

$Q_{渠首引}$的比值。它主要受渠道衬砌程度、渠道两岸包气带和含水层岩性特征、地下水埋深、包气带含水量、水面蒸发强度,以及渠系水位和过水时间等影响。

渠系有效利用系数 η 为灌溉渠系送入田间的水量 $Q_{田}$ 与渠首引水量 $Q_{引}$ 的比值。本次评价根据渠系有效利用系数 η 确定 m 值,即

$$m = \gamma(1 - \eta)$$

式中:γ 为修正系数(无因次);η 为渠系有效利用系数。

渠系渗漏补给系数 m 值见表4-5。

表4-5　渠系渗漏补给系数 m 值取值

灌区类型	η	γ	m
引黄灌区	0.5 ~ 0.6	0.3 ~ 0.4	0.12 ~ 0.20
其他一般灌区	0.45 ~ 0.55	0.35 ~ 0.45	0.16 ~ 0.20

4.2.6　渗透系数 K 值

渗透系数 K 为水力坡降等于1时的渗透速度,它的大小主要受含水层岩性颗粒大小、级配和结构特征的影响。本次评价根据野外抽水试验资料的计算,参考已有评价报告的试验研究成果,结合各种岩性的经验值综合确定渗透系数 K 值,平原区不同岩性的 K 经验值见表4-6。

表4-6　黄淮海平原地区渗透系数 K 经验值

岩性	黏土	亚黏土	亚砂土	粉细砂	细砂	中细砂	中粗砂	含砾中细砂	砂砾石
K 值 (m/d)	<0.1	0.1 ~ 0.25	0.25 ~ 0.50	1.0 ~ 8.0	5.0 ~ 10.0	8 ~ 15	15 ~ 25	30	50 ~ 100

4.3　平原区浅层地下水资源量

4.3.1　计算模型建立

4.3.1.1　水文地质概念模型

综合本区水文地质条件及地下水开采条件,将本区浅层水概化为潜水水文地质模型。

1. 水平边界

浅层水周边均为透水边界,依据等水位线图,分析 10 个均衡计算区的各项补给边界、排泄边界以及零通量边界。

2. 垂直边界

上部为透水边界,接受降水入渗、地表水渗漏和井灌回归补给,并以蒸发、人工开采等方式排泄地下水;下部为隔水边界。

4.3.1.2　数学模型

本次平原区浅层地下水资源量采用均衡计算法,计算范围包括黄河冲积平原区、山前倾斜平原区以及岗地区。依据水均衡原理,结合本区浅层地下水的补给、径流、排泄条件,建立均衡方程如下:

$$Q_{补} - Q_{排} = \mu F \Delta h / \Delta t$$

$$Q_{补} = Q_{降} + Q_{径补} + Q_{河} + Q_{渠} + Q_{渠灌} + Q_{井灌}$$

$$Q_{排} = Q_{蒸} + Q_{开} + Q_{径排}$$

式中:μ 为水位变动带给水度;F 为均衡区面积,万 m^2;Δh 为均衡时段内水位变幅,m;Δt 为均衡时段,年;$Q_{补}$ 为浅层水补给总量,万 m^3/年;$Q_{排}$ 为浅层水排泄总量,万 m^3/年;$Q_{降}$ 为降水入渗补给量,万 m^3/年;$Q_{径补}$ 为侧向径流补给量,万 m^3/年;$Q_{河}$ 为河道侧渗补给量,万 m^3/年;$Q_{渠}$ 为渠系渗漏补给量,万 m^3/年;$Q_{渠灌}$ 为渠灌田间渗漏补给量,万 m^3/年;$Q_{井灌}$ 为井灌回归补给量,万 m^3/年;$Q_{蒸}$ 为蒸发排泄量,万 m^3/年;$Q_{开}$ 为人工开采量,万 m^3/年;$Q_{径排}$ 为侧向径流排泄量,万 m^3/年。

4.3.2　平原区地下水补给量

4.3.2.1　各项补给量

1. 降水入渗补给量 P_r

降水入渗补给量 P_r 指降水渗入到土壤中并在重力作用下渗透补给地下水的水量。

计算公式为

$$P_r = 10^{-1} \times P\alpha F$$

式中：P_r 为降水入渗补给量，万 m^3/年；P 为年降水量，mm；α 为降水入渗补给系数；F 为均衡计算区计算面积，km^2。

2. 地下水侧向径流补给排泄量

根据鹤壁市浅层地下水等水位线图，判断平原区地下水的流向，选取地下水侧向径流补给的断面位置、断面长度，平均水力坡度 I 根据浅层地下水位等值线图并参考区内勘查报告资料确定，含水层平均厚度 M 根据鹤壁市综合水文地质剖面图并综合收集的钻孔资料取得，渗透系数 K 是根据本次抽水试验成果并参考 1:20 万《鹤壁幅区域水文地质普查报告》取得，计算采用剖面法，利用达西公式计算地下水径流量补给量，计算结果见表 4-7，计算公式为

$$Q_{径补排} = 10^{-4} \times KIMBt$$

式中：$Q_{径补排}$ 为侧向径流补给量，万 m^3/年；K 为渗透系数，m/d；I 为垂直于断面的水力坡度；M 为含水层平均厚度，m；B 为过水断面宽度，m；t 为时间，采用 365 d。

3. 河道渗漏补给量

河道渗漏补给量采用地下水动力学法（剖面法）计算，公式为

$$Q_{河补} = 10^{-4} \times KIMBt$$

式中：$Q_{河补}$ 为单侧河道渗漏补给量，万 m^3/年；K 为渗透系数，m/d；I 为垂直于断面的水力坡度；M 为含水层平均厚度，m；B 为河道或河段长度，m；t 为河道或河段过水（或渗漏）时间，d。

4. 渠系渗漏补给量

渠系渗漏补给量的计算有动力学法（同侧向径流补给量计算公式）和渠系渗漏补给系数法两种，本次评价采用了渠系渗漏补给系数法计算渠系渗漏补给量，鹤壁市平原区渠系主要有天赉渠、民丰渠、长虹渠、赵家渠等，渠首引水量根据 2016 年鹤壁市水资源公报和各渠系管理处调查数据得出，本次评价各均衡计算分区渠系渗漏系数 m 的确定是根据 1∶20 万《鹤壁幅区域水文地质普查报告》取得的，并根据地质地貌条件进行类比综合分析得出的，计算公式为

$$Q_{渠系} = mQ_{渠首引}$$

式中：$Q_{渠系}$ 为渠系渗漏补给量，万 m^3/年；m 为渠系渗漏补给系数；$Q_{渠首引}$ 为渠首引水量，万 m^3/年。

5. 渠灌田间入渗补给量

渠灌田间入渗补给量是指渠灌水进入斗、农、毛三级渠道及田间后的渗漏补给量，渠灌水进入斗渠渠首水量根据实际调查各个灌区渠首水量统计结果得出，渠灌田间入渗补给系数 $\beta_{渠}$ 的选取参考田间灌溉入渗系数 β 值取值（见表 4-4），并综合分析已有评价勘探成果资料最终确定。计算公式为

$$Q_{渠灌} = \beta_{渠}Q_{渠田}$$

式中：$Q_{渠灌}$ 为渠灌田间入渗补给量，万 m^3/年；$\beta_{渠}$ 为渠灌田间入渗补给系数；$Q_{渠田}$ 为渠灌水进入斗渠渠首水量，万 m^3/年。

6. 地表水体补给量

河道渗漏补给量、渠系渗漏补给量、渠灌田间入渗补给量之和为地表水体补给量。

7. 井灌回归补给量

井灌回归补给量指井灌区浅层地下水进入田间后入渗补给地下水的水量，井灌回归补给量包括井灌水输水渠道的渗漏补给量，本次井灌水进入田间的水量采用实际调查各县（区）井灌用水量统计结果按面积比例分配到计算分区后得出，井灌回归补给系数 $\beta_{井}$ 的选取参考田间灌溉入渗系数 β 值取值（见表 4-4），并综合分析以往成果资料最终确

定。计算公式为

$$Q_{井灌} = \beta_{井}Q_{井田}$$

式中：$Q_{井灌}$ 为井灌回归补给量，万 m³/年；$\beta_{井}$ 为井灌回归补给系数；$Q_{井田}$ 为井灌水进入田间的水量，万 m³/年。

4.3.2.2　总补给量

上述降雨入渗补给量、地下水侧向径流补给量、河道渗漏补给量、渠系渗漏补给量、渠灌田间入渗补给量、井灌回归补给量之和为地下水总补给量，全市平原区地下水总补给量为 21 186.6 万 m³/年。用地下水总补给量除以面积即为地下水补给模数，全市平原区的地下水平均补给模数为 15.7 万 m³/(km²·年)，见表 4-7。

表 4-7　平原区浅层地下水总补给量

平原各分区	降雨入渗补给量（万 m³/年）	侧向径流补给量（万 m³/年）	地表水体补给量（万 m³/年）	井灌回归补给量（万 m³/年）	总补给量（万 m³/年）	补给模数〔万 m³/(km²·年)〕
浚县	6 002.1		6 080.3	2 501.7	14 584.1	16.2
淇滨区平原区	617.8	400.0	162.3	25.4	1 205.5	15.4
淇县平原区	1 387.2	3 500.0	192.8	317.0	5 397.0	25.6
总计	8 007.1	3 900.0	6 435.4	2 844.1	21 186.6	15.7

4.3.2.3　平原区浅层地下水资源量

多年平均浅层地下水总补给量减去多年平均井灌回归补给量，即为多年平均地下水资源量，全市平原区浅层地下水资源量为 18 342.6 万 m³/年，用地下水资源量除以面积计算出地下水资源模数，全市平原区浅层地下水平均资源模数为 13.4 万 m³/(km²·年)，见表 4-8。

表4-8 平原区浅层地下水资源量

平原各分区	总补给量 （万 m³/年）	井灌回归量 （万 m³/年）	平原区浅层 地下水资源量 （万 m³/年）	平原区浅层 地下水资源 模数[万 m³/ （km²·年）]
浚县	14 584.1	2 501.7	10 632.5	13.4
淇滨区平原区	1 205.5	25.4	1 180.1	15.1
淇县平原区	5 397.0	317.0	5 080.0	24.1
总计	21 186.6	2 844.1	18 342.6	13.4

4.3.3 平原区地下水排泄量

排泄量包括潜水蒸发量、浅层地下水人工开采量、侧向流出量。

4.3.3.1 潜水蒸发量

潜水蒸发量是指潜水在毛细管力作用下，通过包气带岩土向上运动造成的蒸发量（包括棵间蒸发量和被植物根系吸收造成的叶面蒸发量两部分）。潜水蒸发量大小与气象因素、地下水埋深、包气带岩性、土壤结构、有无作物、植被种类、地表疏松程度、耕作方式等有关。一般陆面蒸发量愈大，地下水埋深愈浅，潜水蒸发量也愈大。潜水蒸发量随着地下水埋深加大而减少，到了一定埋深之后（一般 4 m 左右），潜水蒸发为零，计算公式主要采用潜水蒸发系数法，即

$$WE = 10^{-1} \times EF = 10^{-1} \times E_0 CF$$

式中：WE 为潜水蒸发量，万 m³/年；E 为潜水蒸发量，mm/年；E_0 为水面蒸发量，mm/年，采用 E601 型蒸发器的观测值；C 为潜水蒸发系数；F 为计算面积，km²。

4.3.3.2 浅层地下水人工开采量

浅层地下水人工开采量主要包括农灌开采量、工业开采量、生活开采量等，各行业地下水实际开采量主要通过各县（市）级行政区实际调

查统计得出,再按面积占比分配到各计算均衡区,并结合近年水资源公报数据成果。

全市平原区多年平均浅层地下水开采量为 44 308.7 万 m³/年,见表 4-9。

表 4-9　浅层地下水人工开采量计算 （单位:万 m³/年）

平原各分区	农灌用水量	工业用水量	生活用水量	合计人工开采量
浚县	20 847.7	1 354.2	18 153.8	40 355.7
淇滨区平原区	211.3	43.2	223.3	477.9
淇县平原区	2 641.9	230.6	602.6	3 475.1
总计	23 700.9	1 628.0	18 979.7	44 308.7

4.3.3.3　侧向流出量

侧向流出量是指地下水以潜流形式流出计算分区的水量。

4.3.3.4　总排泄量

均衡计算区内各项排泄量之和为该均衡计算区总排泄量,全市浅层地下水总排泄量为 25 053.0 万 m³/年,见表 4-10。

表 4-10　平原区浅层地下水总排泄量 （单位:万 m³/年）

平原各分区	潜水蒸发量	人工开采量	侧向流出量	总排泄量
浚县	0	17 504.4	0	17 504.4
淇滨区平原区	0	1 368.9	0	1 368.9
淇县平原区	0	6 179.7	0	6 179.7
总计	0	25 053.0	0	25 053.0

4.3.4　平原区浅层地下水蓄变量与水均衡分析

平原区浅层地下水蓄变量是指均衡计算区计算时段初与计算时段末浅层地下水储存量的差值。计算公式为

$$\Delta W = 10^2 \times (Z_1 - Z_2)\mu F/t$$

式中:ΔW 为浅层地下水蓄变量,万 m^3/年;Z_1 为计算时段初地下水埋深,m;Z_2 为计算时段末地下水埋深,m;μ 为浅层地下水变幅带给水度;F 为计算区面积,km^2;t 为计算时段长,年。

当 $Z_1 < Z_2$ 时,ΔW 为负值,表示该计算段消耗了地下水储存量;当 $Z_1 > Z_2$ 时,ΔW 为正值,表示该计算段增加了地下水储存量;当 $Z_1 = Z_2$ 时,$\Delta W = 0$。

4.4　山丘区地下水资源量

依据鹤壁市山丘区水文地质特征和现有资料,本次对近期 2001 ~ 2016 年山丘区浅层地下水资源量进行计算。

4.4.1　计算方法

山丘区地下水资源量一般采用排泄法进行计算,所谓排泄法即以排泄量与蓄变量之代数和作为山丘区地下水资源量,山丘区排泄量包括河川基流量、山前泉水溢出量、山前侧向流出量、地下水实际开采净消耗量和潜水蒸发量。

4.4.1.1　河川基流量

河川基流量是河流河道中处于地下水位以下的水量,指河川径流量中由地下水渗透补给河水的部分,即河道对地下水的排泄量。由于地下水位多年基本不变,无论是河流的丰水期还是枯水期都能保证这部分水量,所以称作基流,这部分水量也是水资源调查中地表水资源量与地下水资源量重复计算的部分。

为计算河川基流量,选择水文站应遵循下列原则:

(1)具有 1956 ~ 2016 年比较完整、连续的逐日河川径流量观测资料。

(2)所控制的流域闭合,地表水与地下水的分水岭基本一致。

(3)按地形地貌、水文气象、植被和水文地质条件,选择各种有代表性的水文站。

(4)在水文站上游建有集水面积超过该水文站控制面积20%以上的水库,或在水文站上游河道上有较大引、提水工程,以及从外流域向水文站上游调入水量较大,且未做还原计算的水文站,不宜作为河川基流分割的选用水文站。

根据以上原则,选用区内的新村水文站进行分析计算。

本次对1956～2016年实测河川径流量系列进行切割计算,采用直线斜割法,自洪峰起涨点至河川径流退水转折点(又称拐点)处,以直线相连,直线以下部分即为河川基流量,分割基流成果见表4-11。

表4-11 鹤壁市新村站分割基流成果

年份	控制面积 (km²)	年径流量 (万 m³)	基流量 (万 m³/年)	基流模数 [万 m³/(km²·年)]
1956	2 118	114 241	57 099	26.96
1957	2 118	21 052	14 816	7.00
1958	2 118	43 730	33 092	15.62
1959	2 118	28 308	22 220	10.49
1960	2 118	10 876	7 178	3.39
1961	2 118	26 713	20 769	9.81
1962	2 118	26 751	20 805	9.82
1963	2 118	105 038	54 999	25.97
1964	2 118	47 988	35 414	16.72
1965	2 118	12 836	8 472	4.00
1966	2 118	12 803	8 450	3.99
1967	2 118	19 554	12 970	6.12
1968	2 118	18 555	11 659	5.50

续表 4-11

年份	控制面积 (km²)	年径流量 (万 m³)	基流量 (万 m³/年)	基流模数 [万 m³/(km²·年)]
1969	2 118	29 800	23 504	11.10
1970	2 118	20 880	14 611	6.90
1971	2 118	29 063	22 877	10.80
1972	2 118	29 972	23 648	11.17
1973	2 118	32 150	25 401	11.99
1974	2 118	20 674	14 362	6.78
1975	2 118	57 233	39 819	18.80
1976	2 118	40 596	31 232	14.75
1977	2 118	31 030	24 515	11.57
1978	2 118	12 728	8 400	3.97
1979	2 118	7 780	5 135	2.42
1980	2 118	8 473	5 592	2.64
1981	2 118	8 646	5 706	2.69
1982	2 118	54 427	38 562	18.21
1983	2 118	15 376	6 961	3.29
1984	2 118	15 657	7 414	3.50
1985	2 118	17 491	10 183	4.81
1986	2 118	8 598	5 674	2.68
1987	2 118	6 776	4 472	2.11
1988	2 118	16 214	8 288	3.91
1989	2 118	15 365	6 943	3.28
1990	2 118	23 534	17 602	8.31
1991	2 118	11 456	7 561	3.57
1992	2 118	10 740	7 088	3.35

续表 4-11

年份	控制面积 （km²）	年径流量 （万 m³）	基流量 （万 m³/年）	基流模数 ［万 m³/（km²·年）］
1993	2 118	12 006	7 924	3.74
1994	2 118	21 598	15 456	7.30
1995	2 118	18 417	11 473	5.42
1996	2 118	38 908	30 171	14.25
1997	2 118	11 724	7 738	3.65
1998	2 118	22 449	16 422	7.75
1999	2 118	18 539	11 638	5.49
2000	2 118	19 626	13 062	6.17
2001	2 118	14 074	8 412	3.97
2002	2 118	12 036	7 794	3.68
2003	2 118	23 445	8 853	4.18
2004	2 118	29 736	14 332	6.77
2005	2 118	29 744	16 325	7.71
2006	2 118	21 291	10 877	5.14
2007	2 118	20 399	15 071	7.12
2008	2 118	16 123	8 422	3.98
2009	2 118	10 020	6 613	3.12
2010	2 118	22 804	16 815	7.94
2011	2 118	16 773	9 136	4.31
2012	2 118	18 024	10 934	5.16
2013	2 118	14 402	5 326	2.51
2014	2 118	11 635	7 679	3.63
2015	2 118	10 942	7 222	3.41
2016	2 118	41 864	25 652	12.11

计算山丘区河川基流量系列时,采用新村站控制区域 1956 ~ 2016 年逐年的河川基流模数,计算公式为

$$M_{0j\text{基}i} = R_{gj\text{站}i}/F_{\text{站}i}$$

式中:$M_{0j\text{基}i}$ 为选用水文站 i 在 j 年的河川基流模数,万 $\text{m}^3/(\text{km}^2 \cdot \text{年})$;$R_{gj\text{站}i}$ 为选用水文站 i 在 j 年的河川基流量,万 $\text{m}^3/\text{年}$;$F_{\text{站}i}$ 为选用水文站 i 的控制流域面积,km^2。

未控区采用类比区基流模数参与计算,即根据就近地形地貌、水文气象、植被、水文地质条件类似区域 1980 ~ 2016 年逐年的河川基流模数,用类比法,确定未控制区域 1956 ~ 2016 年逐年的河川基流量系列,用下式计算:

$$R_{gj} = \sum M_{0j\text{基}i}F_i$$

式中:R_{gj} 为未控计算分区 j 年的河川基流量,万 $\text{m}^3/\text{年}$;F_i 为计算分区内,类比区所代表的未被控制区的区域面积,km^2。

各分区河川基流量计算成果见表 4-12。

表 4-12 各分区河川基流量计算成果

山丘区各分区	区域面积 (km^2)	基流模数 [万 $\text{m}^3/(\text{km}^2 \cdot \text{年})$]	河川基流量 (万 $\text{m}^3/\text{年}$)
鹤山区	130	5.3	688.5
淇滨区	186	5.3	985.0
淇县	333	5.3	1 763.5
山城区	135	5.3	714.9
合计	784	5.3	4 151.9

4.4.1.2 山前泉水溢出量

山前泉水溢出量指出露于山丘区与平原区交界处附近,未计入河川径流量的泉水,因其数量不大,本次未进行调查统计。

4.4.1.3　山前侧向流出量

山前侧向流出量即为平原区和山丘区接触带地下水侧向径流补给量,其计算公式同地下水侧向径流补给量计算公式,流出量值与平原区地下水侧向径流补给量相同,见表4-7。

4.4.1.4　地下水实际开采净消耗量

因山丘区农业用水量小,且用水过程中不易回归补给地下水,用水过程中地下水回渗量可忽略不计,鹤壁市山区地下水实际开采净消耗量即为地下水实际开采量,主要为工业用水量、人畜生活用水量、农业用水量及矿坑排水量,经调查统计各县(市)行政区而得,再分配到有关计算区。

4.4.1.5　潜水蒸发量

潜水蒸发量指划入山丘间的小山间河谷平原的浅层地下水,在毛细管作用下通过包气带岩土向上运动造成的潜水蒸发量,因其数量不大,本次未予考虑。

4.4.2　计算结果

根据上述计算方法,计算结果见表4-13。

表4-13　山丘区地下水资源量计算结果(单位:万 m^3/年)

山丘区各分区	河川基流量	山前侧向流出量	地下水实际开采净消耗量	山丘区浅层地下水资源量
鹤山区	688.5	0	506.6	1 195.0
淇滨区	985.0	400	723.7	2 108.7
淇县	1 763.5	3 500	3 026.5	8 290.0
山城区	714.9	0	685.1	1 400.0
合计	4 151.9	3 900	4 941.9	12 993.7

4.5　鹤壁市分区浅层地下水资源量

根据各计算分区浅层地下水资源量计算结果,全市近期(2001 ~ 2016 年)多年平均浅层地下水资源量为 23 189 万 m³/年,其中山丘区为 12 993.7 万 m³/年,平原区为 18 342 万 m³/年,重复计算量为 8 147 万 m³/年,全市浅层地下水资源模数为 10.85 万 m³/(km²·年)。

鹤壁市全市近期(2001 ~ 2016 年)多年平均浅层地下水资源量为 23 189 万 m³/年,其中鹤山区多年平均浅层地下水资源量约 1 195 万 m³/年,山城区多年平均浅层地下水资源量为 1 400 万 m³/年,淇滨区多年平均浅层地下水资源量为 3 288.6 万 m³/年,浚县多年平均浅层地下水资源量 8 082.4 万 m³/年,淇县多年平均浅层地下水资源量 9 223.0 万 m³/年。

全市行政分区地下水资源模数为 10.85 万 m³/(km²·年),地下水资源模数最大的是淇县,为 16.10 万 m³/(km²·年),最小的是浚县,为 7.89 万 m³/(km²·年),见表 4-14。

表 4-14　鹤壁各县(区)浅层地下水资源量　　　　(万 m³/年)

行政区	面积 (km²)	山丘区 地下水 资源量 (万 m³/年)	平原区地下水 资源量 (万 m³/年)	各行政区 地下水 资源量 (万 m³/年)	地下水资源模数 [万 m³/(km²·年)]
鹤山区	130	1 195	0	1 195	9.19
山城区	135	1 400	0	1 400	10.37
淇滨区	275	2 108.5	1 180.1	3 288.6	11.96
浚县	1 024	0	8 082.4	8 082.4	7.89
淇县	573	5 143	4 080	9 223	16.10
合计	2 137	9 846.5	13 342.5	23 189	10.85

第5章　水资源总量、可利用量

　　水资源总量是指当地降水形成的地表和地下产水量,即地表径流量与降水入渗补给量之和。可由地表水资源量加上地下水与地表水资源的不重复量求得。

　　水资源总量计算资料系列要求反映 2001 年以来近期下垫面条件,应与地表水资源量评价同步期系列一致。

　　水资源总量评价应在完成地表水资源量和地下水资源量评价、分析地表水和地下水之间相互转化关系的基础上进行。提出水资源三级区套地级行政区 1956～2016 年水资源总量系列评价成果,进一步提出各级水资源分区、行政分区和重点流域 1956～2016 年水资源总量系列评价成果。

5.1　水资源总量计算方法

　　分区水资源总量可采用下式计算:

$$W = R_s + P_r = R + P_r - R_g \tag{5-1}$$

式中:W 为水资源总量;R_s 为地表径流量(河川径流量与河川基流量之差);P_r 为降水入渗补给量(山丘区用地下水总排泄量代替);R 为河川径流量(地表水资源量);R_g 为河川基流量(平原区为降水入渗补给量形成的河道排泄量)。

　　式(5-1)中各分量可直接采用地表水和地下水资源量评价的系列成果。对某些特殊地区如岩溶山区难以计算降雨入渗补给量和分割基流的可根据当地情况采用其他方法估算水资源总量。

　　山丘区水资源总量可根据山丘区河川径流量、地下水总排泄量和河川基流量,采用式(5-2)计算。

$$W_{总} = R + Q_{总排} - R_g \qquad (5\text{-}2)$$

式中:$Q_{总排}$为山丘区地下水总排泄量,即地下水资源量,包括河川基流量、山前泉水溢出量、山前侧向流出量、地下水实际开采净消耗量和潜水蒸发量。

对于地下水主要以河川基流形式排泄的某些南部山丘区,由于其他排泄量相对较小,可将河川径流量近似作为水资源总量。

北部平原区水资源总量也可根据平原区河川径流量、降水入渗补给量和平原河道排泄量,采用式(5-3)、式(5-4)计算。

$$W = R + P_r - Q_{pr} \qquad (5\text{-}3)$$

$$Q_{pr} \approx Q_{河排} \times \frac{P_r}{Q_{总补}} \qquad (5\text{-}4)$$

式中:Q_{pr}为降水入渗补给量所形成的河道排泄量;$Q_{河排}$为平原河道的总排泄量;$Q_{总补}$为地下水的总补给量。

南部平原区水资源总量也可采用河川径流量加不重复量的方法,按式(5-5)、式(5-6)计算。

$$W_{总} = R + Q_{不重复量} \qquad (5\text{-}5)$$

$$Q_{不重复量} \approx (E_{旱} + Q_{采耗}) \times (P_{r旱}/Q_{旱总补}) \qquad (5\text{-}6)$$

式中:$Q_{不重复量}$为地下水资源与地表水资源的不重复量;$E_{旱}$为旱地和水田旱作期的潜水蒸发量;$Q_{采耗}$为浅层地下水开采净消耗量;$P_{r旱}$为旱地和水田旱作期的降水入渗补给量;$Q_{旱总补}$为旱地和水田旱作期的总补给量,即降水与灌溉入渗补给量之和。

5.2　计算成果

5.2.1　水资源分区计算成果

5.2.1.1　1956~2016 年多年平均水资源总量

鹤壁市 1956~2016 年多年平均水资源总量为 35 853 万 m³,其中地表水资源量为 17 724.6 万 m³,地下水资源量为 23 189 万 m³,重复量为 5 060.6 万 m³;流域分区上,漳卫河山区为 18 088.8 万 m³,漳卫河平原区为 17 764.2 万 m³,详见表 5-1。

表 5-1　鹤壁市 1956~2016 年各水资源分区多年平均水资源总量成果

行政分区及流域分区		1956~2016 年			
		地表水资源量（万 m³）	地下水资源量（万 m³）	地表地下重复计算量（万 m³）	水资源总量（万 m³）
鹤山区	漳卫河山区	1 853.5	1 195	462	2 586.5
山城区	漳卫河山区	1 820.6	1 400	552	2 668.6
淇滨区	漳卫河山区	2 661.2	2 108.5	624	4 145.7
	漳卫河平原区	493	1 180.1	362	1 311.1
	小计	3 154.2	3 288.6	986	5 456.8
浚县		5 136.2	8 082.4	1 407.6	11 811
淇县	漳卫河山区	4 531	5 143	986	8 688
	漳卫河平原区	1 229.1	4 080	667	4 642.1
	小计	5 760.1	9 223	1 653	13 330.1
全市	漳卫河山区	10 866.3	9 846.5	2 624	18 088.8
	漳卫河平原区	6 858.3	13 342.5	2 436.6	17 764.2
	合计	17 724.6	23 189	5 060.6	35 853

产水模数是水资源总量与区域面积的比值,鹤壁市 1956~2016 年多年平均产水模数为 16.78 万 m³/km²,漳卫河山区为 23.07 万 m³/km²,漳卫河平原区为 13.13 万 m³/km²。

产水系数是水资源总量与降水量和区域面积的比值,鹤壁市 1956~

2016 年多年平均产水系数为 0.26, 漳卫河山区为 0.29, 漳卫河平原区
为 0.22。

5.2.1.2　1956～2000 年多年平均水资源总量

鹤壁市 1956～2000 年多年平均水资源总量为 38 083 万 m³, 其中
地表水资源量为 19 500.3 万 m³, 地下水资源量为 25 061 万 m³, 重复量
为 6 478.3 万 m³; 流域分区上, 漳卫河山区为 19 326.9 万 m³, 漳卫河平
原区为 18 756.1 万 m³, 详见表 5-2。

表 5-2　鹤壁市 1956～2000 年各水资源分区多年平均水资源总量成果

行政分区及流域分区		1956～2000 年			
		地表水资源量（万 m³）	地下水资源量（万 m³）	地表地下重复计算量（万 m³）	水资源总量（万 m³）
鹤山区	漳卫河山区	2 081	1 211	495	2 797
山城区	漳卫河山区	2 045.8	1 453	596	2 902.8
淇滨区	漳卫河山区	2 986.9	2 207	767	4 426.9
	漳卫河平原区	532	1 232	519	1 245
	小计	3 518.9	3 439	1 286	5 671.9
浚县		5 530.9	8 963	1 897.3	12 596.6
淇县	漳卫河山区	5 002.1	5 499	1 301	9 200.1
	漳卫河平原区	1 321.5	4 496	903	4 914.5
	小计	6 323.6	9 995	2 204	14 114.6
全市	漳卫河山区	12 115.9	10 370	3 159	19 326.9
	漳卫河平原区	7 384.4	14 691	3 319.3	18 756.1
	合计	19 500.3	25 061	6 478.3	38 083

产水模数是水资源总量与区域面积的比值, 鹤壁市 1956～2000 年

多年平均产水模数为 17.82 万 m³/km²,漳卫河山区为 24.65 万 m³/km²,漳卫河平原区为 13.66 万 m³/km²。

产水系数是水资源总量与降水量和区域面积的比值,鹤壁市 1956～2000 年多年平均产水系数为 0.28,漳卫河山区为 0.37,漳卫河平原区为 0.22。

5.2.1.3 1980～2016 年多年平均水资源总量

鹤壁市 1980～2016 年多年平均水资源总量为 28 922 万 m³,其中地表水资源量为 12 348.1 万 m³,地下水资源量为 20 590 万 m³,重复量为 4 016 万 m³;流域分区上,漳卫河山区为 13 618.4 万 m³,漳卫河平原区为 15 303.6 万 m³,详见表 5-3。

表 5-3 鹤壁市 1980～2016 年各水资源分区多年平均水资源总量成果

行政分区及流域分区		1980～2016 年			
		地表水资源量 (万 m³)	地下水资源量 (万 m³)	地表地下 重复计算量 (万 m³)	水资源总量 (万 m³)
鹤山区	漳卫河山区	1 254.6	1 006	365.1	1 895.5
山城区	漳卫河山区	1 210.1	1 227	412	2 025.1
淇滨区	漳卫河山区	1 766.9	1 556	501	2 821.9
	漳卫河平原区	351	1 063	345	1 069
	小计	2 117.9	2 619	846	3 890.9
浚县		3 817.4	7 356	1 101	10 072.4
淇县	漳卫河山区	3 033.9	4 613	771	6 875.9
	漳卫河平原区	914.2	3 769	521	4 162.2
	小计	3 948.1	8 382	1 292	11 038.1
全市	漳卫河山区	7 265.5	8 402	2 049	13 618.4
	漳卫河平原区	5 082.6	12 188	1 967	15 303.6
	合计	12 348.1	20 590	4 016	28 922

产水模数是水资源总量与区域面积的比值,鹤壁市 1980~2016 年多年平均产水模数为 13.53 万 m^3/km^2,漳卫河山区为 17.37 万 m^3/km^2,漳卫河平原区为 11.31 万 m^3/km^2。

产水系数是水资源总量与降水量和区域面积的比值,鹤壁市 1980~2016 年多年平均产水系数为 0.23,漳卫河山区为 0.28,漳卫河平原区为 0.20。

5.2.2　行政分区计算成果

5.2.2.1　1956~2016 年各行政区多年平均水资源总量

鹤壁市 1956~2016 年多年平均水资源总量为 35 853 万 m^3,其中鹤山区为 2 586.5 万 m^3,山城区为 2 668.6 万 m^3,淇滨区为 5 456.8 万 m^3,浚县为 11 811 万 m^3,淇县为 13 330.1 万 m^3,见表 5-4。

产水模数是水资源总量与区域面积的比值,鹤壁市 1956~2016 年多年平均产水模数为 16.78 万 m^3/km^2,鹤山区为 19.90 万 m^3/km^2,山城区为 19.77 万 m^3/km^2,淇滨区为 19.84 万 m^3/km^2,浚县为 11.53 万 m^3/km^2,淇县为 23.26 万 m^3/km^2。

产水系数是水资源总量与降水量和区域面积的比值,鹤壁市 1956~2016 年多年平均产水系数为 0.27,鹤山区为 0.31,山城区为 0.32,淇滨区为 0.31,浚县为 0.19,淇县为 0.36。

5.2.2.2　1956~2000 年各行政区多年平均水资源总量

鹤壁市 1956~2000 年多年平均水资源总量为 38 083 万 m^3,其中鹤山区为 2 797 万 m^3,山城区为 2 902.8 万 m^3,淇滨区为 5 671.9 万 m^3,浚县为 12 596.6 万 m^3,淇县为 14 114.6 万 m^3,见表 5-5。

产水模数是水资源总量与区域面积的比值,鹤壁市 1956~2000 年多年平均产水模数为 17.82 万 m^3/km^2,鹤山区为 21.52 万 m^3/km^2,山城区为 21.50 万 m^3/km^2,淇滨区为 20.63 万 m^3/km^2,浚县为 12.30 万 m^3/km^2,淇县为 24.63 万 m^3/km^2。

表 5-4 鹤壁市 1956~2016 年各行政分区多年平均水资源总量成果

行政区	面积 (km²)	地表水资源量 (万 m³)	地下水资源量 (万 m³)	重复计算量 (万 m³)	水资源总量 (万 m³)	产水模数 (万 m³/km²)	降水量 (mm)	产水系数
鹤山区	130	1 853.5	1 195	462	2 586.5	19.90	639.02	0.31
山城区	135	1 820.6	1 400	552	2 668.6	19.77	608.42	0.32
淇滨区	275	3 154.2	3 288.6	986	5 456.8	19.84	649.81	0.31
浚县	1 024	5 136.2	8 082.4	1 407.6	11 811	11.53	591.57	0.19
淇县	573	5 760.1	9 223	1 653	13 330.1	23.26	640.42	0.36
合计	2 137	17 724.6	23 189	5 060.6	35 853	16.78	616.12	0.27

表 5-5 鹤壁市 1956～2000 年各行政分区多年平均水资源总量成果

行政区	面积 （km²）	地表水资源量 （万 m³）	地下水资源量 （万 m³）	重复计算量 （万 m³）	水资源总量 （万 m³）	产水模数 （万 m³/km²）	降水量 （mm）	产水系数
鹤山区	130	2 081	1 211	495	2 797	21.52	652.09	0.33
山城区	135	2 045.8	1 453	596	2 902.8	21.50	621.57	0.35
淇滨区	275	3 519	3 439	1 286	5 671.9	20.63	663.36	0.31
浚县	1 024	5 530.9	8 963	1 897.3	12 596.6	12.30	604.03	0.20
淇县	573	6 323.5	9 995	2 204	14 114.6	24.63	652.37	0.38
合计	2 137	19 500.2	25 061	6 478.3	38 083	17.82	628.65	0.28

产水系数是水资源总量与降水量和区域面积的比值,鹤壁市 1956~2000 年多年平均产水系数为 0.28,鹤山区为 0.33,山城区为 0.35,淇滨区为 0.31,浚县为 0.20,淇县为 0.38。

5.2.2.3　1980~2016 年各行政区多年平均水资源总量

鹤壁市 1980~2016 年多年平均水资源总量为 28 922 万 m³,其中鹤山区为 1 895.6 万 m³,山城区为 2 025.1 万 m³,淇滨区为 3 750.9 万 m³,浚县为 10 072.4 万 m³,淇县为 10 677.1 万 m³,见表 5-6。

产水模数是水资源总量与区域面积的比值,鹤壁市 1980~2016 年多年平均产水模数为 13.53 万 m³/km²,鹤山区为 14.58 万 m³/km²,山城区为 15.00 万 m³/km²,淇滨区为 13.64 万 m³/km²,浚县为 9.84 万 m³/km²,淇县为 18.63 万 m³/km²。

产水系数是水资源总量与降水量和区域面积的比值,鹤壁市 1980~2016 年多年平均产水系数为 0.23,鹤山区为 0.24,山城区为 0.26,淇滨区为 0.23,浚县为 0.18,淇县为 0.31。

5.2.3　与河南省第二次水资源评价成果比较

本次评价与河南省第二次水资源评价降水量情况比较见表 5-7。

本次各县(区)水资源总量计算各自独立进行,由表 5-7 可以看出,本次评价的 1956~2016 年系列对比河南省第二次水资源评价 1956~2000 年系列水资源总量均偏小,主要是参考数据及选取参数不一致,并且本次计算采用数据截至 2016 年,而河南省第二次水资源评价采用数据截至 2000 年。

表 5-6　鹤壁市 1980～2016 年各行政分区多年平均水资源总量成果

行政区	面积 （km²）	地表水资源量 （万 m³）	地下水资源量 （万 m³）	重复计算量 （万 m³）	水资源总量 （万 m³）	产水模数 （万 m³/km²）	降水量 （mm）	产水系数
鹤山区	130	1 254.6	1 006	365	1 895.6	14.58	608.89	0.24
山城区	135	1 210.1	1 227	412	2 025.1	15.00	577.79	0.26
淇滨区	275	2 117.9	2 619	986	3 750.9	13.64	604.83	0.23
浚县	1 024	3 817.4	7 356	1 101	10 072.4	9.84	557.14	0.18
淇县	573	3 948.1	8 382	1 653	10 677.1	18.63	595.63	0.31
合计	2 137	12 348.1	20 590	4 016	28 922	13.53	578.04	0.23

表 5-7 鹤壁市水资源总量与河南省第二次水资源评价比较

(单位:万 m³)

项目	范围面积 (km²)	本次评价			河南省第二次 水资源评价	
		1956 ~ 2016 年	1956 ~ 2000 年	1980 ~ 2016 年	1956 ~ 2000 年	1980 ~ 2000 年
本次	全市 2 137	35 853	38 083	28 922	—	—
河南省 第二次 水资源评价	全市 2 137	—	—	—	37 035	29 863

5.3 地表水资源可利用量估算

5.3.1 水资源可利用量概念

水资源可利用量是从区域资源、环境、技术和经济条件的角度,综合分析可以被利用的水量。

根据前述地表水资源的计算过程和原理,各流域分区地表水资源量最终要反映在以该分区水系为载体的河道、沟渠内,因此其水资源可利用量的计算,也要根据流域分区的水资源量来进行评价,以保持计算成果的一致性、准确性和完整性。

5.3.2 鹤壁市不同流域分区水资源量的分布及开发利用的特点

通过前面对鹤壁市山区和平原区降雨径流系数的分析,可以看出西部漳卫河山区降雨径流系数较高,产水能力强,地表水资源量相对丰富,且由于水库众多,洪水拦蓄能力强,通过合理安排水库运行调度,可有效地调控和利用一部分汛期洪水资源、地表水可利用量相对较大。

东南部漳卫河平原区的地表水资源,由于其产流方式绝大部分属于超渗产流,同样降水条件下,地表产水量相对较小,而且卫河、共产主义渠常常与山丘区淇河洪水资源相遭遇,汛期共产主义渠闸坝全部开启,因此利用这部分地表水资源量一般较为困难,但考虑到平原区修建有大量的排水、沟渠及闸、坝和塘堰等,若运用得当,可有一部分地表水被有效地开发和利用。

5.3.3　地表水可利用量计算

地表水资源可利用量指在可预见的时期内,统筹考虑生活、生产和生态环境用水,协调河道内与河道外用水的基础上,通过技术可行的措施在现状下垫面条件下,当地地表水资源量中可供河道外利用的最大水量。回归水重复利用量、废污水、再生水等水量不计入本地地表水资源可利用量。

多年平均地表水资源可利用量为地表水资源量扣除河道内生态环境需水量后的水量。采用下式计算:

$$W_{地表水可利用量} = W_{地表水资源量} - W_{生态需水}$$

式中:$W_{地表水资源量}$为多年平均地表水资源量;$W_{生态需水}$为河道内生态环境需水量。

河道内生态环境需水量包括河道内基本生态环境需水量和河道内目标生态环境需水量。河道内基本生态环境需水量是指维持河流、湖泊基本形态、生态基本栖息地和基本自净能力需要保留在河道内的水量及过程;河道内目标生态环境需水量是指维持河流、湖泊、生态栖息地给定目标要求的生态环境功能,需要保留在河道内的水量及过程;其中给定目标是指维持河流输沙、水生生物、航运等功能所对应的功能。河道内生态环境需水量按照《河湖生态环境需水计算规范》(SL/Z 712—2016)计算或采用水资源综合规划确定的成果。

在估算多年平均地表水资源可利用量时,河道内生态环境需水量应根据流域水系的特点和水资源条件进行确定。对水资源较丰沛、开发利用程度较低的地区,生态需水量宜按照较高的生态环境保护目标确定。对水资源紧缺、开发利用程度较高的地区,应根据水资源条件合理确定生态环境需水量。

水资源可利用量一般应在长系列来水基础上,扣除相应的河道内生态环境需水量,结合可预见时期内用水需求和水利工程的调蓄能力进行调节计算。因资料条件所限难以开展长系列水资源调算的,可参考相应河流水系的流域综合规划或中长期供求规划,依据规划中提出的生态保护目标和供水(含调水)工程布局,核算调蓄能力,综合分析确定。

控制节点生态环境需水量计算方法包括河道内生态环境需水量计算方法和河道外生态环境需水量计算方法。考虑到实际情况,本次评价只对河道内生态环境需水量进行分析,河道外生态环境需水量不考虑。河道内生态环境需水量计算方法采用水文综合法。

根据节点类型和水文资料情况,水文综合法可以分为排频法、近10年最枯月平均流量(水位)法、蒙大拿法、历时曲线法、入海水量法和水量平衡法。排频法和近10年最枯月平均流量(水位)法主要用来计算基本生态环境需水量中的最小值,蒙大拿法和历时曲线法可用来计算基本生态环境需水量和目标生态环境需水量的年内不同时段值,入海水量法用来计算河口的生态环境需水量。本次评价主要采用排频法和蒙大拿法。

排频法以节点长系列天然月平均流量、月平均水位或径流量为基础,用每年的最枯月排频,选择不同保证率下的最枯月平均流量、月平均水位或径流量作为节点基本生态环境需水量的最小值。

蒙大拿法亦称 Tennant 法,是依据观测资料建立的流量和河流生态环境状况之间的经验关系,用历史流量资料就可以确定年内不同时段的生态环境需水量,使用简单、方便。不同河道内生态环境状况对应的流量百分比见表5-8。

表 5-8　不同河道内生态环境状况对应的流量百分比

不同流量百分比 对应河道内 生态环境状况	占年平均天然 流量百分比 （10 月至次年 3 月）	占年平均天然 流量百分比 （4～9 月）
最大	200	200
最佳	60～100	60～100
极好	40	60
非常好	30	50
好	20	40
中	10	30
差	10	10
极差	0～10	0～10

　　从表 5-8 中第一列中选取生态环境保护目标所期望的河道内生态环境状态,第二、三列分别为相应生态环境状态下年内水量较枯和较丰时段(非汛期、汛期)生态环境流量占多年天然流量的百分比。该百分比与多年平均天然流量的乘积为该时段的生态环境流量,与时长的乘积为该时段的生态环境需水量。

　　该方法作为经验公式,主要适用于北温带较大的常年性河流,作为河流规划目标管理、战略性管理方法。使用时,需要对公式在本地区的适用性进行分析和检验。

　　基本生态环境需水量取值范围:

　　水资源短缺、用水紧张地区河流,一般在表 5-8"好"的分级之下,根据节点最小生态环境流量及径流特征,选择合适的生态环境流量百分比值。

　　水资源较丰沛地区河流,一般在表 5-8"非常好"的分级之下取值。

　　目标生态环境需水量取值范围,应在表5-8"非常好"或"好"的分级之下,根据水资源特点和开发利用现状,合理取值。

　　表5-8的说明:

　　该方法在众多河流运用中证实:10%的平均流量,河槽宽度、水深及流速显著减少,水生生物栖息地退化,河流底质或湿周有近一半暴露;20%的平均流量提供了保护水生栖息地的适当水量;在小河流中,年平均流量30%的流量接近较好栖息地水量要求。

　　对一般河流而言,河流流量占年平均流量的60%～100%,河宽、水深及流速为水生生物提供优良的生长环境。

　　河流流量占年平均流量的30%～60%,河宽、水深及流速均佳,大部分边槽有水流,河岸能为鱼类提供活动区。

　　对于大江大河,河流流量占年平均流量5%～10%,仍有一定的河宽、水深和流速,可以满足鱼类洄游、生存和旅游、景观的一般要求,可作为保持绝大数水生物短时间生存所必需的最低流量。

　　除蒙大拿法外,还有其他一些划定参考值范围的方法。可根据这些方法设定的参考值范围确定基本生态环境需水量及目标生态环境需水量。

5.3.4　计算结果

　　鹤壁市各县(区)及流域分区地表水资源可利用量估算成果见表5-9。

表5-9　鹤壁市各县(区)及流域分区地表水资源可利用量估算成果

（单位:万 m³）

县(区)	流域分区	1956～2016年 (年均)	不同频率水资源可利用量	
			50%	75%
鹤山区	漳卫河山区	1 853.5	1 293.4	811.0
山城区	漳卫河山区	1 820.6	1 239.3	842.5

续表 5-9

县(区)	流域分区	1956～2016年(年均)	不同频率水资源可利用量	
			50%	75%
淇滨区	漳卫河山区	2 661.2	1 843.2	1 282.2
	漳卫河平原区	493	247.2	168.5
	小计	3 154.2	2 099.9	1 457.6
浚县	漳卫河平原区	5 136.2	2 271.4	1 756.0
淇县	漳卫河山区	4 531	3 153.6	2 211.8
	漳卫河平原区	1 229.1	524.5	415.6
	小计	5 760.1	3 817.3	2 705.0
全市	漳卫河山区	10 866.3	7 521.8	5 233.2
	漳卫河平原区	6 858.3	3 004.8	2 311.2
	合计	17 724.6	11 145.8	7 896.8

5.4　地下水资源可开采量估算

地下水资源可开采量是指在经济合理、技术可行且不引起生态环境恶化条件下的最大可开采量。主要对平原区矿化度 $M \leqslant 2$ g/L 的浅层地下水可开采量进行评价。

本次评价的地下水可开采量是指在保护生态环境和地下水资源可持续利用的前提下,通过经济合理、技术可行的措施,在近期下垫面条件下可从含水层中获取的最大水量。主要对平原区矿化度 $M \leqslant 2$ g/L 的浅层地下水可开采量进行评价。

地下水资源可开采量评价方法有水均衡法、实际开采量调查法和可开采系数法。

5.4.1　水均衡法

基于水均衡原理,计算分析单元多年平均地下水资源可开采量。

对地下水开发利用程度较高地区,在总补给量中扣除难以袭夺的潜水蒸发量、河道排泄量、侧向流出量、湖库排泄量等,近似作为多年平均地下水可开采量,也可按下式近似计算多年平均地下水资源可开采量。

$$Q_{可开采} = Q_{实采} + \Delta W$$

式中:$Q_{可开采}$、$Q_{实采}$、ΔW 分别为多年平均地下水资源可开采量、2001～2016 年多年平均实际开采量、2001～2016 年多年平均地下水蓄变量。

5.4.2　实际开采量调查法

实际开采量调查法适用于地下水资源开发利用程度较高、地下水资源实际开采量统计资料较准确完整且潜水蒸发量较小的分析单元。若某分析单元 2001～2016 年期间某时段(一般不少于 5 年)的地下水埋深基本稳定,则可将该时段的年均地下水实际开采量近似作为多年平均地下水资源可开采量。

5.4.3　可开采系数法

本次评价采用的是可开采系数法。按下式计算分析单元多年平均地下水可开采量:

$$Q_{可开采} = \rho \times Q_{总补}$$

式中:ρ 为分析单元的地下水可开采系数;$Q_{可开采}$、$Q_{总补}$ 分别为分析单元的多年平均地下水资源可开采量、多年平均地下水资源总补给量。地下水可开采系数 ρ 是反映生态环境约束和含水层开采条件等因素的参数,取值应不大于 1.0。结合近年地下水实际开采量及地下水埋深等资料,并经水均衡法或实际开采量调查法典型核算后,合理选取地下水可开采系数后,再计算平原区可采量。

表 5-10　鹤壁市平原区矿化度 $M \leqslant 2\ g/L$ 多年平均浅层地下水资源可开采量

行政分区	平原区面积 （km²）	地下水总补给量 （万 m³/年）	地下水资源量 （万 m³/年）	地下水可开采量 （万 m³/年）
淇滨区	89	1 205.5	1 180.1	1 050.3
浚县	1 024	14 584.1	8 082.4	7 193.3
淇县	240	5 397	4 080	3 631.2
合计	1 353	21 186.6	13 342.5	11 874.8

第6章　水资源开发利用现状

6.1　评价基础

6.1.1　资料来源及评价系列

依据《河南省第三次全国水资源调查评价工作大纲》的要求,水资源开发利用调查评价资料来源主要以收集整理当地历年统计年鉴、历年水资源公报以及水中长期规划成果资料,分析整理水资源三级区套地级行政区和重点流域 2010~2016 年与用水密切关联的主要社会经济指标;收集当地历年水资源公报以及中长期规划成果资料,复核并分析整理水资源三级区套地级行政区和县级行政区 2010~2016 年历年的供水量和用水量,并分析供、用水量的组成及其变化趋势;以分析整理的水资源三级区套地级行政区数据为基础,统计分析重点流域 2010~2016 年历年的供水量和用水量,并分析其变化趋势。

收集统计与用水密切相关的经济社会发展指标,主要包括常住人口、地区生产总值(GDP)、工业增加值、耕地面积、灌溉面积、粮食产量、鱼塘补水面积以及大、小牲畜年末存栏数等。

本次水资源开发利用调查评价采用资料系列及评价成果系列均为 2010~2016 年共 7 年资料。

6.1.2　社会经济

至 2016 年,全市常住人口总数为 161 万人,其中城镇人口 92.10 万人,农村人口 68.90 万人,全市城镇化率为 57.2%;全市地区生产总值 771.79 亿元,工业增加值 460.45 亿元;全市耕地面积 179.40 万亩,实耕灌溉面积124.56万亩,鱼塘补水面积0.23万亩;大牲畜存栏3.44万头,小牲畜存栏114.09万头。鹤壁市评价期社会经济发展情况见表6-1。

表6-1 鹤壁市评价期社会经济发展情况

年份	2010	2011	2012	2013	2014	2015	2016
城镇人口(万人)	75.00	79.00	81.98	85.01	86.62	89.61	92.10
农村人口(万人)	82.00	79.00	77.02	75.99	73.38	71.39	68.90
常住人口总数(万人)	157.00	158.00	159.00	161.00	160.00	161.00	161.00
地区生产总值(亿元)	429.12	500.52	545.78	622.12	682.20	715.65	771.79
工业增加值(亿元)	283.38	331.63	356.47	413.68	422.12	428.84	460.45
耕地面积(万亩)	185.07	183.77	182.69	180.93	179.46	179.51	179.40
实耕灌溉面积(万亩)	116.84	114.42	119.90	121.82	124.44	124.26	124.56
鱼塘补水面积(万亩)	0.50	0.50	0.50	0.50	0.46	0.23	0.23
大牲畜数量(万头)	5.51	5.07	4.78	4.93	4.95	4.07	3.44
小牲畜数量(万头)	59.71	113.24	118.05	118.60	122.72	118.30	114.09

评价期全市各经济发展指标变化趋势见图6-1~图6-4。

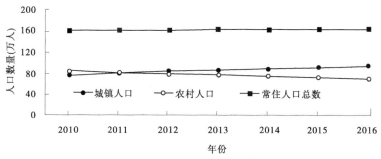

图6-1 鹤壁市评价期常住人口数量变化趋势

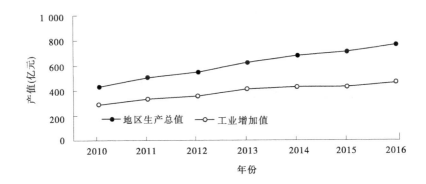

图 6-2　鹤壁市评价期产值变化趋势

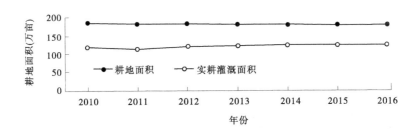

图 6-3　鹤壁市评价期耕地灌溉面积变化趋势

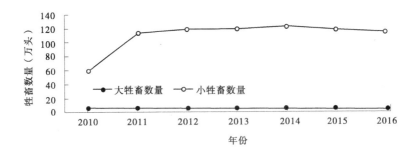

图 6-4　鹤壁市评价期大小牲畜数量变化趋势

6.2 供水量

供水量是指各种水源为河道外取用水户提供的包括输水损失在内的水量之和,按受水区统计,对于跨流域跨省(区、市)的调水工程,以省(区、市)收水口作为供水量的计量点,水源至收水口之间的输水损失另外统计。在受水区内,按取水水源分为地表水源供水量、地下水源供水量和其他水源供水量 3 种类型统计。

地表水源供水量按蓄、引、提、调四种形式统计,为避免重复统计,规定从水库、塘坝中引水或提水均属于蓄水工程供水量;从河道或湖泊中自流引水的,无论有闸或无闸,均属引水工程供水量;利用扬水站从河道或湖泊直接取水的,均属于提水工程供水量;跨流域调水是指无天然河流联系的独立流域之间的调配水量,不包括在蓄、引、提水量中。

地下水源供水量是指水井工程的开采量,按浅层淡水和深层承压水分别统计。浅层淡水是指埋藏相对较浅,与当地大气降水和地表水体有直接水力联系的潜水(淡水)以及与潜水有密切联系的承压水,是容易更新的地下水。深层承压水是指地质时期形成的地下水,埋藏相对较深,与当地大气降水和地表水体没有密切水力联系且难以补给更新的承压水。

其他水源供水量包括污水处理回用量、集雨工程利用量、微咸水利用量、海水淡化供水量。污水处理回用量指经过城市污水处理厂集中处理后的直接回用量,不包括企业内部废物水处理的重复利用量;集雨工程利用量是指通过修建集雨场地和微型蓄雨工程(水窖、水柜等)取得的供水量;微咸水利用量是指矿化度为 2 ~ 5 g/L 的地下水利用量;海水淡化供水量是指海水经过淡化设施处理后供给的水量。

在本次评价全部评价期内(2010 ~ 2016 年),鹤壁市年均供水总量 45 578 万 m³,供水量最大年份 2015 年的供水量为 50 140 万 m³,供水量最小年份 2011 年的供水量为 41 025 万 m³。评价期不同年份各水源工程供水量情况见表6-2及图6-5。

表6-2　鹤壁市评价期各水源工程供水量　　（单位：万 m³）

水源工程类型		2010	2011	2012	2013	2014	2015	2016
地表水源	蓄	5 060	5 996	2 147	2 751	9 802	10 613	5 280
	引	2 164	1 200	5 459	5 516	2 464	1 051	1 339
	提	4 661	4 661	2 641	4 513	4 733	2 454	4 976
	调	0	0	0	0	0	2 280	4 309
	小计	11 885	11 857	10 247	12 780	16 999	16 398	15 904
地下水源	浅层	25 899	22 107	26 140	27 481	24 155	29 960	27 834
	深层	7 406	7 061	6 603	6 415	6 168	3 732	1 676
	小计	33 305	29 168	32 743	33 896	30 323	33 692	29 510
其他水源	污水回用	0	0	0	0	0	50	286
	雨水利用	0	0	0	0	0	0	0
	小计	0	0	0	0	0	50	286
总供水量		45 190	41 025	42 990	46 676	47 322	50 140	45 700

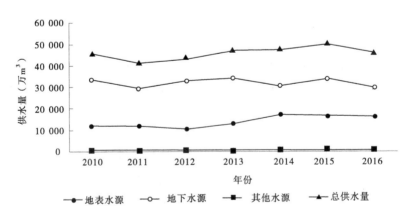

图6-5　鹤壁市评价期不同水源工程供水量变化趋势

6.3　用水量

用水量是指各类河道外取用水户取用的包括输水损失在内的水量之和。按用户特性分为农业用水、工业用水、生活用水和人工生态环境补水四大类。同一区域的用水量与供水量应相等。

农业用水是指耕地灌溉用水、林果地灌溉用水、草地灌溉用水、鱼塘补水和牲畜用水。

工业用水指工矿企业在生产过程中用于制造、加工、冷却、空调、净化、洗涤等方面的用水,按新取水量计,包括火(核)电工业用水和非火(核)电工业用水,不包括企业内部的重复利用量。水力发电等河道内用水不计入用水量。

生活用水指城镇生活用水和农村生活用水。其中,城镇生活用水包括城镇居民生活用水和公共用水(含建筑业及服务业用水),农村生活用水指农村居民生活用水。

人工生态环境补水包括人工措施供给的城镇环境用水和部分河湖、湿地补水,不包括降水、地面径流自然满足的水量。按照城镇环境用水和河湖补水两大类进行统计。城镇环境用水包括城镇绿地灌溉用水和环境卫生清洁用水两部分,其中城镇绿地灌溉用水指城区和镇区内用于绿化灌溉的水量;环境卫生清洁用水是指在城区和镇区用于环境卫生清洁(洒水、冲洗等)的水量。河湖补水量是指以生态保护、修复和建设为目标,通过水利工程补给河流、湖泊、沼泽及湿地的水量,仅统计人工补水量中消耗于蒸发和渗漏的水量部分。

在 2010～2016 年全部评价期内,全市年均用水量 45 578 万 m³,鉴于同一年份相同分区的供、用水量平衡原则,评价期内用水量最大、最小年份与供水量评价成果是一致的。评价期不同年份各行业用水量情况见表 6-3 及图 6-6。

表 6-3　鹤壁市评价期各行业用水量　　　（单位：万 m³）

年份	2010	2011	2012	2013	2014	2015	2016
农业用水量	33 931	29 039	30 008	33 564	33 687	33 038	30 336
工业用水量	6 677	7 218	7 819	7 155	6 737	7 238	6 322
生活用水量	4 460	4 516	4 890	5 175	5 891	7 036	7 783
人工生态环境补水	122	252	273	782	1 007	2 828	1 259
总用水量	45 190	41 025	42 990	46 676	47 322	50 140	45 700

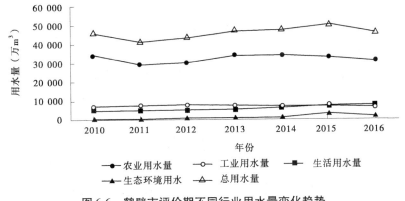

图 6-6　鹤壁市评价期不同行业用水量变化趋势

6.4　用水耗水量

　　用水耗水量是指取用水户在取水、用水过程中，通过蒸腾蒸发、土壤吸收、产品吸附、居民和牲畜饮用等多种途径消耗掉而不能回归到地表水体和地下含水层的水量。

　　农业灌溉耗水量包括作物蒸腾、棵间蒸发、渠系水面蒸发和浸润损失等水量；工业耗水量包括输水损失和生产过程中的蒸发损失量、产品带走的水量、厂区生活耗水量等；生活耗水量包括输水损失以及居民家庭和公共用水消耗的水量;生态环境耗水量包括城镇绿地灌溉输水及使用中的蒸腾蒸发损失、环境卫生清洁输水和使用中的蒸发损失以及河湖人工补水的蒸发和渗漏损失等。评价期用水消耗量见表6-4。

表6-4 鹤壁市评价期用水消耗量 （单位:万 m³）

年份	2010	2011	2012	2013	2014	2015	2016
农业耗水量	28 424	2 415	1 954	98	32 891	28 424	2 415
工业耗水量	24 173	2 598	1 970	202	28 942	24 173	2 598
生活耗水量	25 450	2 754	2 184	218	30 606	25 450	2 754
生态环境耗水量	28 241	2 295	2 277	626	33 438	28 241	2 295

6.5 用水效率

在水资源开发利用评价中,人均用水量、农田灌溉亩均用水量、城镇生活人均用水量、农村居民生活人均用水量等是反映地区综合用水水平和效率的重要指标。鹤壁市评价期不同行业用水指标见表6-5。

表6-5 鹤壁市评价期不同行业用水指标

年份	2010	2011	2012	2013	2014	2015	2016
人均用水量 （m³/人）	287.8	259.7	270.4	289.9	295.8	311.4	283.9
农田灌溉亩均用水量 （m³/亩）	170.4	145.0	151.5	174.4	175.9	168.2	152.5
城镇生活人均用水量 [L/（人·d）]	95.7	92.8	92.0	94.6	111.1	135.3	151.3
农村生活人均用水量 [L/（人·d）]	39.8	41.5	44.7	46.7	56.0	73.3	81.8

6.6 水资源开发利用中存在的问题

6.6.1 鹤壁市水资源特点

近几年来,鹤壁市水资源的高强度开发利用,促使地表水、土壤水和地下水的转化关系不断变化,通过长期的降水、蒸发、径流、地下水动态的观测资料,结合用水量、地下水开采量的调查分析及分区的平衡计算,对鹤壁市的水资源数量、质量和时空变化特征有了进一步的认识和了解。

(1)水资源总量不足,人均、亩均水资源量偏低。

(2)降水量规律与作物生长需求不相适应。

(3)径流量年内年际变化大。

径流的年内分配极不均匀,呈现汛期径流比较集中、最大月径流与最小月径流悬殊等特点,不均匀性超过了降水量,不同季节径流变化较大。径流的年际变化较降雨更为剧烈,主要表现在最大年径流量与最小年径流量倍比悬殊,年径流变差系数较大。

6.6.2 水资源开发利用中存在的问题

(1)水资源量及时空分布与生产力布局不协调。

(2)水资源污染和浪费的现象同时存在,配置不尽合理,水资源利用效率较低。近几年来鹤壁市水资源越来越紧张,但水资源浪费现象也普遍存在。来水量的不断减少,工业和生活用水量的不断增加,在一定程度上挤占了农业用水量,从而导致原来规划设计的渠灌区灌溉面积减少,或者原有灌区的水源保障程度降低了,与之相对应的是渠井双灌或井灌区的面积不断增加。

(3)部分地区地下水严重超采。

鹤壁市自产地表水资源不足,本区域可利用的地表水资源远远不能满足供水的要求,跨区域引水覆盖不到的地方加大了对地下水的开采,造成了部分地区地下水严重超采。

(4)部分供用水设施老化。

鹤壁市目前部分供用水设施老化,存在导致跑、冒、滴、漏的现象,供水能力不足。农业灌溉渠道也同样多年失修,存在老化和严重破损,跑、漏水现象普遍,灌溉用水效率低。

(5)水资源的统一管理和实时监控的力度不足。

地表水和地下水没有实现联合调度和统一管理,各种水源、各类用水户以及不同时期的用水水价体系存在一定程度的不合理性,不能较好地起到鼓励节约用水、高效节水的经济杠杆作用,特别是在洪水资源利用、污水处理回用以及引用和拦蓄过境水等方面做得还不够。因此,为了实现水资源的可持续利用,必须实现水资源管理的三个重大转变(由过去静态管理向动态管理转变、由经验性管理向科学管理转变、由条块分割式管理向统一管理转变);利用先进的科学技术和水文水资源学理论,积极研制和开发水资源实时监控管理系统;切实加强全市水资源的五个统一(统一评价、统一规划、统一管理、统一监测和统一保护)工作。只有这样,才有希望实现"以水资源的可持续利用来支撑社会经济的可持续发展"的重大战略目标。

6.7 对策和措施

(1)加强节约用水、降低用水定额。

加大宣传力度,提高全民节水意识。强化管理措施,开展全社会节约用水活动,充分利用经济杠杆作用,杜绝浪费现象。鹤壁市节约用水潜力很大,目前各县(区)之间用水指标差别较大,而且和国内节水指标相比,差距也大,不同地区都存在一定的节水潜力。

(2)调整工农业产业结构,发展节水型产业。

要根据当地水资源的具体状况,种植适合当地水资源条件的农作物;应当调整产业布局,尽量发展用水量小的工业企业,同时要不断淘汰耗水大的落后产业和技术设备。

(3)水资源联合运用,提高利用效率。

鹤壁市水资源不足,要加强地表水和地下水联合运用,分质供水、合理利用水资源,保证鹤壁市人民生活水平提高和国民经济发展对水的需求量,实现水资源可持续发展。

城市工业和生活做到按质供水,工业的循环冷却水和生活中的冲洗用水均可利用城市中水,实现优水优用。农业灌溉尽量采用多水源联合运动,减少用水损失,提高水资源利用效率。

(4)加强水污染防治,提高水质,达到一水多用。

目前,鹤壁市水污染严重,严重影响到工农业用水和生活用水。要加强水污染防治,提高水质量,不断改善水环境和生态环境质量。保护有限水资源,实现一水多用。

第7章 地表水、地下水质量

7.1 河流泥沙量

河川径流所挟带泥沙数量的多少是反映流域水土流失程度的重要指标,它对河流、湖泊地表水资源的开发利用,各种水利工程的管理运用及工程寿命等均有很大影响。本节中所指的泥沙是指河流中的悬移质泥沙,不包括推移质泥沙。

7.1.1 基本资料

河流泥沙量资料选用以能反映流域天然泥沙特性为原则,一般选择系列较长、受水利工程影响较小、集水面积在 $300 \sim 5\ 000\ km^2$ 水文站作为选用站。由于泥沙测站少、系列短且受水利工程影响较大,因此在测站少和资料短缺的地区,泥沙观测站资料全部采用。对于系列年数较短或不连续的代表站资料,按实际观测年数计算平均值作为相应计算系列的成果。

鹤壁市境内共有泥沙量观测站三个,分别为淇门、新村、刘庄。其中,淇门站资料观测年限为 1957 ~ 2016 年,合计 60 年;新村站资料观测年限为 1957 ~ 1975 年、1977 ~ 1991 年、1993 ~ 2005 年、2007 ~ 2016 年,合计 56 年;刘庄站资料观测年限为 1990 ~ 2016 年,合计 27 年。

由于山区修建了蓄水工程,平原河道修建了拦河闸坝和引提水工程,受工程蓄引水影响,实测输沙资料已不能完全反映流域面上天然情况下的水土流失状况。

7.1.2 河流泥沙分析

通过对淇门站、新村站和刘庄站 1956 ~ 2016 年沙量资料统计分析(见表 7-1、表 7-2)可知:从 1980 年起淇门站和新村站各项沙量指标开

表 7-1　鹤壁市主要泥沙测站 1956～2016 年不同系列沙量指标统计

系列	卫河淇门站			淇河新村站			共产主义渠刘庄站		
	多年平均输沙率（kg/s）	多年平均含沙量（kg/m³）	多年平均输沙量（万 t）	多年平均输沙率（kg/s）	多年平均含沙量（kg/m³）	多年平均输沙量（万 t）	多年平均输沙率（kg/s）	多年平均含沙量（kg/m³）	多年平均输沙量（万 t）
1956～2016 年	64.5	1.04	204	13.0	0.52	41.2			
1956～1979 年	141.7	1.64	447.5	25.9	0.85	82.3			
1980～2000 年	18.2	0.99	58.0	6.83	0.46	21.6	3.53	0.41	11.1
2001～2016 年	1.7	0.087	5.50	0.05	0.026	0.157	0.213	0.12	0.671
1980～2016 年	11.6	0.63	37.0	4.12	0.28	13.0	2.20	0.29	6.94

表7-2　淇门刘庄新村1956～2016年不同阶段沙量指标变化趋势分析统计　　　（%）

系列比较	卫河淇门站			淇河新村站			共产主义渠刘庄站		
	多年平均输沙率	多年平均含沙量	多年平均输沙量	多年平均输沙率	多年平均含沙量	多年平均输沙量	多年平均输沙率	多年平均含沙量	多年平均输沙量
（1956～1979年平均）与（1956～2016年平均）比较	119.7	57.7	119.4	99.2	63.5	99.8			
（1980～2000年平均）与（1956～1979年平均）比较	-87.2	-39.6	-87	-73.6	-45.9	-73.8			
（2001～2016年平均）与（1980～2000年平均）比较	-90.7	-91.2	-90.5	-99.3	-94.3	-99.3	-94.0	-70.7	-94.0
（1980～2016年平均）与（1956～2016年平均）比较	-82	-39.4	-81.9	-68.3	-46.2	-68.4			

始明显下降,2001~2016年淇门站和新村站多年平均输沙率、多年平均含沙量及多年平均输沙量都比1980~2000年低。可见,鹤壁市境内卫河、淇河及共产主义渠河流含沙量和输沙量呈递减趋势,主要是因为20世纪80年代以后上游采取了许多生态治理措施,水土流失受到遏制,水土保持工作发挥了一定的作用所致。

7.1.3　输沙模数计算

鹤壁市主要河流控制站输沙模数长、短系列比较见表7-3。可以看出,1980年起淇门站、新村站和刘庄站输沙模数开始明显下降,都比1956~1979年多年平均输沙模数低,鹤壁市淇河、卫河及共产主义渠上游总的趋势是输沙模数呈现下降趋势。

表7-3　主要河流控制站输沙模数长短系列比较　　　　　（%）

站名	输沙模数(t/km^2)					1956~1979与1956~2016比较	1980~2000与1956~1979比较	2001~2016与1980~2000比较	1980~2016与1956~2016比较
	1956~2016年	1956~1979年	1980~2000年	2001~2016年	1980~2016年				
淇门	242.08	531.03	68.83	6.53	43.91	119.36	-87.04	-90.51	-81.86
刘庄	0	0	13.17	0.8	8.24			-93.93	
新村	194.52	388.57	101.98	0.74	61.38	99.76	-73.76	-99.27	-68.45

7.2　地表水水质评价

7.2.1　水质资料收集及监测断面设置情况

鹤壁市主要河流有卫河、共产主义渠及淇河、汤河及羑河等河流。

本次评价地表水质监测资料主要来源于鹤壁市生态环境局。生态环境局根据上述河流,共设置 8 个监测断面,其中汤河 1 个、淇河 2 个、卫河 4 个、共产主义渠 1 个,每月监测 1 次,水质化验项目主要有 pH 值、溶解氧、高锰酸盐指数、五日生化需氧量、氨氮、石油类、挥发酚、汞、铅、化学需氧量、总磷、铜、锌、氟化物、硒、砷、镉、六价铬、氰化物、阴离子表面活性剂、氰化物等共计 21 项。其他情况见表 7-4。

水功能区是指为满足水资源合理开发和有效保护的需要,根据水资源的自然条件、功能要求、开发利用现状,按照流域综合规划、水资源保护规划和经济社会发展要求,在相应水域按其主导功能划定并执行相应质量标准的特定区域,2004 年 6 月省政府批准实施《河南省水功能区划》。

水功能区采用两级区划。一级区划分为保护区、保留区、缓冲区和开发利用区,二级区划仅在开发利用区进行,分为饮用水源区、工业用水区、农业用水区、渔业用水区、景观娱乐用水区、过渡区和排污控制区。经批准的水功能区划,是核定水域的纳污能力,提出限制排污总量意见,将水质保护目标落实到具体水域和入河污染源的主要依据,是加强水资源调度,维持江河合理流量和水库、湖泊及地下水的合理水位,维护水体的自净能力,强化陆域污染源管理,优化产业布局,科学确定和实施污染物排放总量控制的依据。

鹤壁市水功能区划分情况见图 7-1。

7.2.2 评价标准与方法

7.2.2.1 评价依据及评价因子

按照《地表水环境质量标准》(GB 3838—2002)对参与评价的因子进行类别评价,评价因子依据各个监测断面的化验项目来确定。地表水环境质量标准基本项目标准限值见表 7-5。

表7-4　鹤壁市水功能区划分及代表性监测断面一览

序号	断面名称	水功能区名称	河流(湖库)	范围		水质代表断面	长度(km)	功能排序	水质目标	监测频次
				起始断面	终止断面					
1	耿寺	汤河鹤壁市安阳市排污控制区	汤河	河源	汤河水库大坝		25	排污	V	每月1次
2	黄花营	淇河鹤壁市饮用水源区	淇河	林州市河头公路桥	新村水文站	新村水文站	48	饮用、工业	II	每月1次
3	前防护城	淇河鹤壁市渔业用水区	淇河	新村水文站	人类主义渠口	同村口上	36	渔业、工业、农业	II	每月1次
4	卫辉皇甫	卫河河南卫辉市农业用水区	卫河	卫辉市倪湾乡洪庄	淇门水文站	淇门水文站	25	农业	V	每月1次
5	卫辉下马营	共产主义渠河南新乡市鹤壁市农业用水区	共产主义渠	六店村107桥上	人卫河口	刘庄水文站	79	农业	V	每月1次
6	王湾	卫河河南浚县农业用水区	卫河	淇门水文站	浚\滑县界	浚\滑县界	29.5	农业	V	每月1次
7	柴湾	卫河河南滑县排污控制区	卫河	浚\滑县界	浚\滑县界	浚\滑县界	6	排污	V	每月1次
8	五陵	卫河河南浚县农业用水区	卫河	东王桥	五陵水文站	五陵水文站	19	农业	V	每月1次

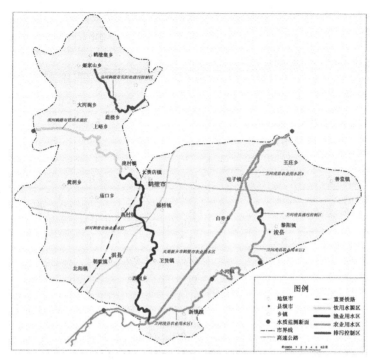

图 7-1　鹤壁市二级水功能区

7.2.2.2　评价方法

采用单指标评价法(最差的项目赋全权,又称一票否决法),即首先对某河段各单项指标进行评价,在此基础上进行综合评价,挑选单项评价中类别最差者,作为水质监测断面的综合评价结果。

7.2.2.3　评价结果表示

各水质监测断面评价结果用超标率来表示,各单项监测项目超标率计算方法如下:

$$超标率 = \frac{超标次数}{监测次数} \times 100\%$$

式中:超标次数为某单项监测项目全年超标次数;监测次数为某单项监测项目全年监测次数。

7.2.2.4　水质评价现状年

水质评价现状年取 2016 年。

表 7-5　地表水环境质量标准基本项目标准限值

序号	项目		Ⅰ类	Ⅱ类	Ⅲ类	Ⅳ类	Ⅴ类
1	pH 值		\multicolumn{5}{c}{6~9}				
2	溶解氧	≥	饱和率 90% (或7.5)	6	5	3	2
3	高锰酸盐指数	≤	2	4	6	10	15
4	化学需氧量(COD)	≤	15	15	20	30	40
5	五日生化需氧量(BOD$_5$)	≤	3	3	4	6	10
6	氨氮(NH$_3$—N)	≤	0.15	0.5	1.0	1.5	2.0
7	总磷(以P计)	≤	0.02 (湖、库 0.01)	0.1 (湖、库 0.025)	0.2 (湖、库 0.05)	0.3 (湖、库 0.1)	0.4 (湖、库 0.2)
8	总氮(湖、库,以N计)	≤	0.2	0.5	1.0	1.5	2.0
9	铜	≤	0.01	1.0	1.0	1.0	1.0
10	锌	≤	0.05	1.0	1.0	2.0	2.0
11	氟化物(以F$^-$计)	≤	1.0	1.0	1.0	1.5	1.5
12	硒	≤	0.01	0.01	0.01	0.02	0.02
13	砷	≤	0.05	0.05	0.05	0.01	0.01
14	汞	≤	0.000 05	0.000 05	0.000 1	0.001	0.001
15	镉	≤	0.001	0.005	0.005	0.005	0.01
16	铬(六价)	≤	0.01	0.01	0.05	0.05	0.1
17	铅	≤	0.01	0.01	0.05	0.05	0.1
18	氰化物	≤	0.005	0.05	0.05	0.01	0.1
19	挥发酚	≤	0.002	0.002	0.005	0.01	0.1
20	石油类	≤	0.05	0.05	0.05	0.5	0.1

7.2.3　现状年水质评价

鹤壁市主要河流有汤河、淇河、卫河及共产主义渠,2016 年共设置 8 个水质监测断面,全年水质采样 12 次,水质监测项目共计 21 项。除淇河黄花营外,其余各个监测断面水质类别均超水功能区所设定的水质目标,主要超标物有氨氮、总磷、化学需氧量、生化需氧量及高锰酸盐指数,详细情况见表 7-6。

表 7-6 2016 年鹤壁市汤河、淇河、卫河及共产主义渠水质状况分析统计

河名	监测断面	水质目标	I 类水质		II 类水质		III 类水质		IV 类水质		V 类水质		劣 V 类水质		河干月数		水功能区水质类别
			月数	占全年（%）	月数	占全年（%）	月数	占全年（%）	月数	占全年（%）	月数	占全年（%）	月数	占全年（%）	月数	占全年（%）	
汤河	耿寺	V									1	8.3	11	91.7			劣 V
淇河	黄花营	II	7	58.3	5	41.7											II
	前砖城				11	91.7									1	8.3	III
卫河	卫辉皇甫	V									3	25.0	9	75.0			劣 V
共渠	卫辉下马营										4	33.3	8	66.7			劣 V
卫河	浚县王湾										4	33.3	8	66.7			劣 V
卫河	浚县柴湾										3	25.0	9	75.0			劣 V
卫河	汤阴五陵										4	33.3	8	66.7			劣 V

从表7-6还可以看出,汤河耿寺站全年超标月数达11个月,占全年总月数的91.7%,淇河黄花营、前枋城全年无超标月数,共产主义渠及卫河皇甫、下马营、王湾、柴湾及五陵,全年有一半以上月份超标,水质为劣Ⅴ类。

全年汤河及卫河污染物突然排放现象时有发生,比如耿寺氨氮4月及柴湾总磷浓度4~6月突然升高,说明汤河耿寺上游及卫河王湾—柴湾段有污染物突发排放或持续一段时间排放的现象。

7.3　地下水评价内容和方法

本次地下水水质评价的对象为鹤壁市平原区浅层地下水。本次地下水调查评价的内容为地下水化学分类、地下水现状水质类别评价、地下水水质变化趋势分析等方面。

7.4　地下水化学特征及分布规律

根据本次水资源调查评价浅层地下水补测水质资料,按舒卡列夫分类原则,鹤壁市平原区浅层地下水化学类型分布,见图7-2。

从图7-2可以看出,浅层地下水化学类型具有明显的水平分带性。主要表现在:西部低山、丘陵区,地形陡峭,基岩裸露,地下水直接接受降水补给,水交替强烈,处于溶滤状态,水化学类型简单,为 HCO_3—Ca、HCO_3—Ca·Mg 型。

东部缓倾斜平原,水化学类型与微地貌径流条件关系密切,主要表现在:由黄河古河道的河道高地(主流带)→河漫滩高地→泛流地→背河洼地,径流条件由强变弱,蒸发由弱变强,水化学类型由 HCO_3—Ca·Mg→HCO_3—Na·Mg→HCO_3—Ca·Mg·Na→HCO_3·SO_4—Mg·Na 型。

全市平原区矿化度 300 mg/L < M ≤ 500 mg/L 的面积为 373.9 km^2,矿化度 500 mg/L < M ≤ 1 000 mg/L 的面积为 890.5 km^2,矿化度 1 000 mg/L < M ≤ 2 000 mg/L 的面积为 88.6 km^2。

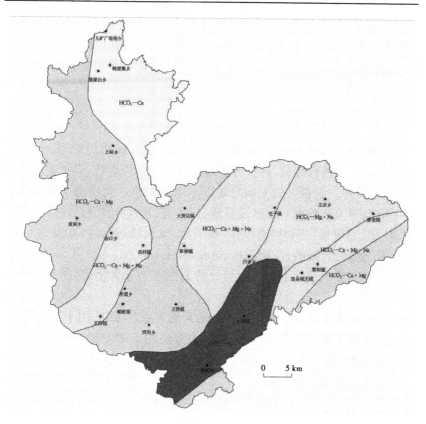

图 7-2 浅层地下水化学类型分布

全市平原区总硬度 150 mg/L < N ≤ 300 mg/L 的面积为 152.2 km², 矿化度 300 mg/L < N ≤ 450 mg/L 的面积为 656.0 km², 矿化度 450 mg/L < N ≤ 650 mg/L 的面积为 544 km²。

全市平原区 pH 值均在 6.5 ~ 8.5。

7.5 地下水现状水质评价

7.5.1 地下水水质监测数据来源及代表性分析

本次地下水水质现状评价的监测数据主要采用 17 眼国家地下水

监测井监测数据(每年一次),均分布于平原区。地下水水质监测井分布较为均匀,并且在监测的过程中,从采样到分析测试都实行了质量监控,监测数据有较好的代表性。但由于地下水监测井密度较低,平均为79.59 km²/眼。

7.5.2　评价基本要求及方法

本次地下水水质类别评价标准采用《地下水质量标准》(GB/T 14848—2017)进行评价,评价方法采用单项指标评价法,即最差的项目赋全权,又称一票否决法来确定地下水水质类别。此次地下水水质现状评价范围为鹤壁市平原区浅层地下水,地下水水质类别评价项目包括 pH 值、总硬度、溶解性总固体、硫酸盐、氯化物、铁、锰、挥发性酚类、耗氧量、氨氮、亚硝酸盐、硝酸盐、氰化物、汞、砷、镉、六价铬等项目。

Ⅰ类主要反映地下水化学组分的天然低背景含量,适用于各种用途。

Ⅱ类主要反映地下水化学组分的天然背景含量,适用于各种用途。

Ⅲ类以人体健康基准值为依据,主要适用于集中式生活饮用水水源及工农业用水。

Ⅳ类以农业用水和工业用水要求为依据。除适用于农业和部分工业用水外,适当处理后可作为生活饮用水。

Ⅴ类不宜饮用,其他用水可根据使用目的选用。

7.5.3　评价结果

根据水质监测井各监测项目的监测值,按照《地下水质量标准》(GB/T 14848—2017)确定其水质类别,然后按照超标率(超Ⅲ类水标准)指标进行评价。

所有参与评价的 17 眼井中 3 眼井为Ⅴ类标准,占 17.6%;11 眼井为Ⅳ类标准,占 64.8%;3 眼井为Ⅲ类标准,占 17.6%,超Ⅲ类水质标准占比 82.4%。其中地下水超标项目主要为锰、铁、总硬度等,主要是浅层地下水受人类活动影响以及区域水文地质条件影响所致。

二次评价的 14 眼井中 4 眼井为Ⅴ类标准,占 28.6%;6 眼井为Ⅳ

类标准,占42.8%;4眼井为Ⅲ类标准,占28.6%;超Ⅲ类水质标准占比71.4%。本次评价较二次评价超Ⅲ类水质标准占比增加11.0%。

7.6 地下水饮用水源地水质评价

7.6.1 评价标准和方法

根据国家饮用水水源地名录和水利普查水源地名录,在鹤壁市区域内选择2处地下水饮用水水源地,评价标准采用《生活饮用水水源水质标准》(CJ 3020—1993),评价方法是以单因子的含量与标准含量对比,其含量超过标准含量则该组水样为超标,不符合生活饮用水标准。

7.6.2 评价结果

本次评价鹤壁市2眼地下饮用水源地监测井的18项因子均符合《生活饮用水水源水质标准》(CJ 3020—1993)中的一级水源水,水质良好,地下水只需消毒处理就可饮用,年总供水量162.07万 m^3。

7.7 地下水水质保护对策

鹤壁市地下水水质已遭受相当程度的污染,由于地下水一旦被污染,治理十分困难,所以必须采取切实可行的有效措施,加强对地下水的保护。

(1)必须充分认识到地下水水质保护的重要性和迫切性,必须重视地下水保护工作。考虑到鹤壁市地下水在水资源开发利用中的重要位置和目前地下水水质现状,加强地下水保护已经刻不容缓。

(2)加强法制管理,保护地下水水质。应根据《中华人民共和国水法》《中华人民共和国环境保护法》《中华人民共和国水污染防治法》等法律法规,严格保护地下水水质,使管理步入法制轨道,加强地下水水质保护工作。

（3）实行预防为主、防治结合的方针。既要积极治理现存的污染，又要采取有力措施防止新的污染产生。地下水污染的治理比地表水污染治理难度大，因为地下水自净能力差，还经常涉及受污染土壤及含水层的治理问题，因此应在预防上投入足够的人力、物力、财力，不能等到污染后再付出更大的代价去治理。

（4）加强地下水水质监测。地下水污染一般不容易发觉，许多污染物往往在它们进入地下水很长一段时间后才可能被检测和发觉到，并且由于地下水水质的监测受监测井分布的限制，只有当污染物到达井孔时才有可能被发觉，所以必须加强对地下水的监测，增加监测井密度，以便及时掌握地下水水质动态。

（5）加强污染源治理。加强地表水污染的治理，严禁废污水的渗坑排放。

（6）合理使用农药、化肥，严格控制和逐步减少农药、化肥的施用量。

第 8 章　结论及合理性分析

8.1　水资源量

8.1.1　降水量

本次评价采用泰森多边形法,评价系列为 1956~2016 年。

1956~2016 年全市多年平均降水量为 13.44 亿 m^3,折合水深为 616.11 mm。全市年降水量的区域分布很不均匀,总体上是由东向西呈递增趋势,年内降水量四季变化比较大,连续最大 4 个月降水量均出现在 6~9 月,约占全年降水量的 70%。从时序变化分析,1956~1979 年是全市降水量的丰水期,1980~2000 年开始,全市降水量持续偏枯,进入 21 世纪后,鹤壁市水资源量明显偏小,处于相对枯水期阶段。

8.1.2　地表水资源量

鹤壁市 1956~2016 年多年平均地表水资源量为 17 724.6 万 m^3/年,径流系数为 0.13。其中,漳卫河山区多年平均地表水资源量为 10 866.5 万 m^3/年,径流系数为 0.21;漳卫河平原区多年平均地表水资源量为 6 858.3 万 m^3/年,径流系数为 0.08。

按行政分区分,鹤山区为 1 853.5 万 m^3/年,山城区为 1 820.6 万 m^3/年,淇滨区为 3 154.2 万 m^3/年,浚县为 5 136.2 万 m^3/年,淇县为 5 760.1 万 m^3/年。

8.1.3　地下水资源量

鹤壁市全市近期(2001~2016 年)下垫面条件下多年平均浅层地

下水资源量为 23 189 万 m^3/年,全市地下水资源模数 10.85 万 m^3/(km^2·年),其中漳卫河山区 12 993.7 万 m^3/年,地下水资源模数 16.57 万 m^3/(km^2·年),漳卫河平原区 18 342 万 m^3/年,地下水资源模数 13.55 万 m^3/(km^2·年),山丘区与平原区重复计算量 8 147 万 m^3/年。

按行政分区分,鹤山区 1 195 万 m^3/年,山城区 1 400 万 m^3/年,淇滨区 3 288.6 万 m^3/年,浚县 8 082.4 万 m^3/年,淇县 9 223.0 万 m^3/年,地下水资源模数最大的是淇县为 16.1 万 m^3/(km^2·年),最小的是浚县为 7.89 万 m^3/(km^2·年)。

8.1.4 水资源总量

鹤壁市全市 1956~2016 年系列多年平均水资源总量为 35 853 万 m^3,其中地表水资源量 17 724.6 万 m^3,地下水资源量 23 189 万 m^3,地表水地下水重复计算量 5 060.6 万 m^3/年。全市 1956~2016 年多年平均产水模数 16.78 万 m^3/km^2,漳卫河山区 23.07 万 m^3/km^2,漳卫河平原区 13.13 万 m^3/km^2。全市 1956~2016 年多年平均产水系数 0.26,漳卫河山区为 0.29,漳卫河平原区为 0.22。

按行政分区分,鹤壁市全市 1956~2016 年多年平均水资源总量为 35 853 万 m^3,其中鹤山区为 2 586.5 万 m^3,山城区为 2 668.6 万 m^3,淇滨区为 5 456.8 万 m^3,浚县为 11 811 万 m^3,淇县为 13 330.1 万 m^3。全市 1956~2016 年多年平均产水模数 16.78 万 m^3/km^2,鹤山区为 19.90 万 m^3/km^2,山城区为 19.77 万 m^3/km^2,淇滨区为 19.84 万 m^3/km^2,浚县为 11.53 万 m^3/km^2,淇县为 23.26 万 m^3/km^2。全市 1956~2016 年多年平均产水系数 0.27,鹤山区为 0.31,山城区为 0.32,淇滨区为 0.31,浚县为 0.19,淇县为 0.36。

8.1.5 水资源可利用量

鹤壁市 1956~2016 年多年平均水资源可利用总量为 23 020.6 万 m³/年,其中地表水资源可利用量 11 145.8 万 m³/年,浅层地下水资源可开采量 11 874.8 万 m³/年。

8.2 水资源质量

8.2.1 地表水资源质量

通过对淇门站、新村站和刘庄站 1956~2016 年沙量资料统计分析,鹤壁市境内卫河、淇河及共产主义渠河流含沙量和输沙量呈递减趋势。

本次根据鹤壁市汤河、淇河、卫河及共产主义渠设置的 8 个断面的监测资料,按照《地表水环境质量标准》(GB 3838—2002),其水质总体形势是,除淇河黄花营和前枋城外,其余各个监测断面水质类别均超水功能区所设定的水质目标,主要超标物有氨氮、总磷、化学需氧量、五日生化需氧量及高锰酸盐指数。

8.2.2 地下水资源质量

所有参与评价的 17 眼井中 3 眼井为 V 类标准,占 17.6%;11 眼井为 IV 类标准,占 64.8%;3 眼井为 III 类标准,占 17.6%。超 III 类水质标准占比 82.4%。其中地下水超标项目主要为锰、铁、总硬度等。

8.3 措施和建议

针对目前鹤壁全市水资源状况及其开发利用中存在的问题,提出四点建议措施:

(1)加强节约用水、降低用水定额;

（2）调整工农业产业结构，发展节水型产业；

（3）水资源联合运用，提高利用效率；

（4）加强水污染防治，提高水质，达到一水多用。